主办 中国建设监理协会

中国建设监理与咨询

中国建筑工业出版社

图书在版编目（CIP）数据

中国建设监理与咨询 07 / 中国建设监理协会主办. —北京：中国建筑工业出版社，2015.12
ISBN 978-7-112-18934-2

Ⅰ.①中… Ⅱ.①中… Ⅲ.①建筑工程—监理工作—研究—中国 Ⅳ.①TU712

中国版本图书馆CIP数据核字（2015）第303946号

责任编辑：费海玲 张幼平
责任校对：李美娜 赵 颖

中国建设监理与咨询 07
主办 中国建设监理协会
*
中国建筑工业出版社出版、发行（北京西郊百万庄）
各地新华书店、建筑书店经销
北 京 嘉 泰 利 德 公 司 制 版
北京缤索印刷有限公司印刷
*
开本：880×1230毫米 1/16 印张：$7^1/_4$ 字数：195千字
2015年12月第一版 2015年12月第一次印刷
定价：35.00元
ISBN 978-7-112-18934-2
（28183）

编辑部

地址：北京海淀区西四环北路 158 号
　　　慧科大厦东区 10B

邮编：100142

电话：（010）68346832

传真：（010）68346832

E-mail：zgjsjlxh@163.com

中国建设监理与咨询

目录 CONTENTS

行业动态

政策法规

本期焦点：聚焦“五届二次会员代表大会暨监理行业诚信建设经验交流会”

监理论坛

项目管理与咨询

创新与研究

人物专访

企业文化

树立履职尽责的品牌形象　打造造福百姓的百年工程

李克强总理视察郑州机场项目

9 月 24 日上午，中共中央政治局常委、国务院总理李克强同志，来到中咨工程建设监理公司承担监理任务的郑州新郑国际机场二期建设项目，视察工程建设情况，嘱托监理单位“一定要保证工程质量”。该工程建筑面积 48.6 万 m^2，是新中国成立以来河南省规模最大的单体工程，总概算 191 亿元，设计目标年旅客吞吐量 3000 万人次、货邮吞吐量 30 万 t。通过监理团队的不懈努力，该工程仅用两年多就基本竣工，创造了“郑州机场速度”，如此大体量的航站楼能够在两年的时间内保质保量地建设起来，这在国内以至国际的工程建设中应该说都是一个奇迹。

杨恒泰总经理接受记者采访时表示：“这是总理第二次视察我们的项目，询问我们工程质量问题。总理这么重视工程质量，更加激励我们做好本职工作，我们一定不辜负总理的嘱托，保证工程质量，把工程质量隐患消灭在萌芽中，确保航站楼安全运行，最终达到我们的既定目标，争创鲁班奖。”

浙江省建设工程监理管理协会举办监理行业发展座谈会

住建部“工程质量治理两年行动”实施，为建设监理行业重新赋予了更高的历史使命。监理行业承担的责任更大，肩上的担子更重，监理企业又一次面临新的机遇与挑战。浙江省监理协会为顺应新形势、理清新思路、明确新目标、于日前召开了监理行业发展座谈会。

中国建设监理协会秘书长修璐，浙江省建筑业管理局副局长、省监理协会会长叶军献出席会议并作了讲话。章钟秘书长主持会议。省地、市监理协会和监理企业负责人以及部分外省（市）监理同行共 27 人参加了会议。

会上，大家针对当前监理市场存在的问题畅所欲言，总体认为：一是取消收费标准，市场秩序不稳定；二是监理市场萎缩，业务减少，监理企业面临危机；三是招投标办法欠规范，波及行业、企业操作的不规范，直接阻碍了行业发展走“正道”。同时，大家还围绕着企业自身建设和人才优化、监理价格约束、规范招投标以及监理资质考试与管理等方面，提出了许多建议，表达了诉求。

叶军献副局长针对与会代表的发言，对新常态下监理行业的发展思路发表了意见：工程总承包不断推进，在设计施工一体化形势下，监理企业如何合理转型；当前技术变革发展迅速的形势下，监理企业如何推进新技术应用；随着国家政策调整，面临日益严峻的市场环境形势，监理行业如何寻求发展。他还要求各企业从实际出发，对正在制定的浙江省监理行业“十三五”规划多提合理意见。

会上，修璐秘书长以“困难环境中对监理行业如何发展的思考”为主题，作了重要发言。

代表们在会上表示，这次监理行业发展座谈会，为监理企业探索发展之路指出了方向，对于浙江建设监理行业重拾信心，力争主动求变，走出困境，将具有十分重要的引导和鞭策作用。

（徐伟民　提供）

住房和城乡建设部表彰2014~2015年度鲁班奖获奖单位

近日，住房和城乡建设部通报表彰了2014 ~ 2015年度中国建设工程鲁班奖（国家优质工程）获奖单位，希望广大建筑业企业以受表彰单位为榜样，为建筑业改革发展作出新的贡献。

经中国建筑业协会组织评选，总后礼堂整体改造和地下车库、九江长江公路大桥、重庆国际博览中心等200项工程获2014~2015年度中国建设工程鲁班奖（国家优质工程）。

为鼓励获奖单位、树立争创工程建设精品的优秀典型，住房城乡建设部对获奖工程的承建单位和参建单位给予通报表彰，希望广大建筑业企业全面贯彻落实党的十八届五中全会精神，深入开展工程质量治理两年行动，以受表彰单位为榜样，大力弘扬精益求精、追求卓越的鲁班精神，勤于探索、勇于创新，加快实现转型升级，为建筑业改革发展作出积极努力和新的贡献。

（摘自《中国建设报》 王虹航）

2015年度山西监理通联工作会顺利召开

10月30日，山西省监理协会一年一度的通联会在太原召开。参加会议的有会长唐桂莲、理论研究委主任张跃峰、副主任黄官狮、原秘书长陈敏、现秘书长林群、协会副秘书长郑丽丽和理论研究会成员以及会员单位分管领导、通联员约170余人。会议由理论研究委主任张跃峰主持。

副秘书长兼信息部主任郑丽丽作了题为“深入持久抓通联 企业文化结硕果”的工作报告。报告从理论研究、诚信自律、信息化建设等八个方面回顾总结了2015年度的通联工作，并对下一步工作作了加大“六个力度”的安排。

晋中正元总工裴志青和侯马晋威总经理徐世轩分别作了题为“我们是如何组织参加协会‘增强责任心 提高执行力’演讲比赛活动的”、“文化创新是企业实现可持续发展的重要保障”的交流，他们独具文化建设底蕴的发言赢得了参会人员的热烈掌声。山西诚正总监刘青槐、省建设监理专监翟风萍、山西锦通监理员潘明炜等三人进行了汇报演讲。会上还对撰写论文优秀单位、作者等进行了表扬。

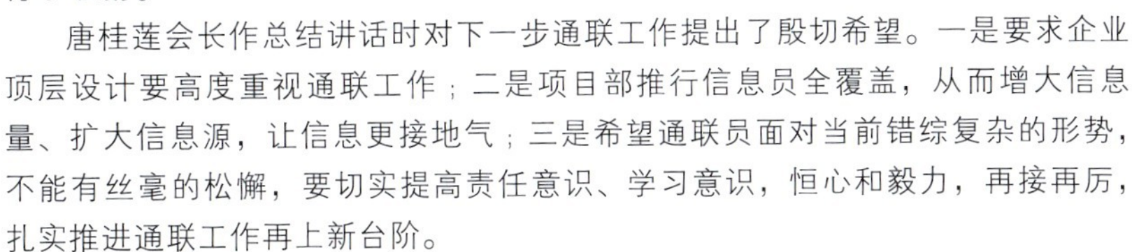

唐桂莲会长作总结讲话时对下一步通联工作提出了殷切希望。一是要求企业顶层设计要高度重视通联工作；二是项目部推行信息员全覆盖，从而增大信息量、扩大信息源，让信息更接地气；三是希望通联员面对当前错综复杂的形势，不能有丝毫的松懈，要切实提高责任意识、学习意识，恒心和毅力，再接再厉，扎实推进通联工作再上新台阶。

（郑丽丽　提供）

武汉市建设监理协会第四届第八次理事会暨与市城建委领导恳谈会圆满召开

为推进建设监理行业健康发展，加强行业诚信自律建设，及时、准确、重点突出地解决当前行业最迫切需要解决的疑难问题，2015 年 9 月 30 日下午，武汉市建设监理协会在武汉宏宇建设工程咨询有限公司会议室召开第四届第八次理事会暨与市城建委领导恳谈会，协会理事、监事及非理事单位的 18 家会员单位董事长、总经理共计 76 人参加了会议。市城建委党组成员、副主任夏平，市建筑工程交易中心主任、书记周才志，市建筑工程质量监督站站长程玉平，市市政工程质量监督站站长李景成，市造价管理站书记张晓秋，市城建委质安处处长谢卫华等市城建委相关管理部门领导出席了会议。会议由协会副会长、武汉星宇建设工程监理有限公司董事长兼总经理杜富洲主持。

副秘书长陈凌云介绍了 2014 年 11 月协会届中调整以来的基本情况、监理行业目前的发展状况以及协会在新风貌、新常态、新举措下所开展的各项工作，并对协会前三季度的工作作了总结报告。会长汪成庆对鄂建监协 [2015]7 号文（《建设工程监理与相关服务计费规则》以下简称《规则》）文件精神进行了宣贯和简要介绍。《规则》得到了省住建厅、省物价局、省公共资源监督管理局、省公共资源交流中心、市城建委、市交易中心的高度重视和一致认同。

随后，企业代表向市城建委领导作了交流发言，并针对问题提出了各自的解决措施，在座行业管理部门领导在倾听了企业诉求后，充分肯定行业协会组织此次恳谈会的意义，认为这个平台非常值得推荐，面对面倾听企业的呼声，可为下一步政府相关政策的出台提供理论依据。会上，到会行业管理部门领导就大家提出的问题一一进行了解答。

最后，夏平副主任作了重要的总结讲话，对行业协会发展的定位提出了三点建议。同时也指出，管理部门要认真思考当前行业发展中的问题，充分发挥行业协会的作用，支持行业协会开展工作，支持行业发展，作为管理部门要思考如何配合好协会的建设发展。

（陈凌云　提供）

西安市建设监理协会专家库专家学习班顺利举办

西安市建设监理协会 2015 年 10 月 26 在西安市举办了专家咨询委员会专家库专家培训学习班。专家库专家由各会员单位推荐，协会进行了筛选，共 160 余人参加了入库前培训学习。西安市建设监理协会成立专家咨询委员会、建立专家库是协会顺应当前发展趋势，也是更好地开展协会工作的需要和措施。

会后协会向参加培训学习的专家颁发了专家聘任证书，冀元成秘书长还就专家咨询委员会及专家管理办法给大家进行了解读，并就工程质量治理两年行动优秀项目监理部评价活动现场检查情况进行了安排部署。

（王红旗　提供）

西部地区建设监理协会秘书长工作恳谈会第九次会议在西安市召开

西部地区建设监理协会秘书长工作恳谈会第九次会议于 2015 年 10 月 22 日上午 9 点在西安市古都大酒店（西安市莲湖路 172 号）召开，来自青海、甘肃、宁夏、贵州、广西、四川、重庆、云南、新疆、上海、天津、海南、山西、山东、江西、陕西等省市自治区协会的领导共约 120 人参加了会议。陕西省住建厅建管办主任茹广生，中国建设监理协会副秘书长温健，陕西住建厅建管处调研员任卫，陕西省建设监理协会会长商科，陕西省建设监理协会副会长、西安市建设监理协会秘书长冀元成应邀参加了会议。会议由陕西省建设监理协会常务副秘书长郭红梅、副秘书长范中东同志主持。

与会代表围绕大会主题——取消地方监理工程师资格认定以后，如何发挥协会的作用展开热烈讨论，并就进一步促进建立、健全监理从业人员资格积极建言献策。会议认为，本次会议在陕西住建厅和中监协的高度重视及陕西省建设监理协会的精心承办下，在参会人员的共同努力下取得了圆满成功。整个会议内容丰富、贴近实际，各项议程井然有序，会务工作细心周到，深受与会代表好评，是一次创新务实、沟通协作、增进友谊、团结协作的会议。

（何莉　王赛　提供）

中南地区建设监理行业交流会在江西鹰潭成功召开

2015 年 11 月 5 日，中南地区建设监理行业交流会在江西鹰潭顺利召开，共有来自中南地区建设监理协会、监理企业 150 余人参加会议，此次会议由江西省建设监理协会主办。会议由江西省建设监理协会秘书长张华主持。中国建设监理协会副会长兼秘书长修璐、江西省住建厅建管处处长姚宏平、鹰潭市建设局副局长余国龙应邀参加会议并向大会致辞。

会上，中国建设监理协会副会长、秘书长修璐对当前建设监理行业发展形势与问题与参会代表进行了探讨。他主要围绕监理行业与企业发展基本情况评估、发展中遇到问题的核心因素和主要矛盾、当前面临主要的问题分析及监理企业调整思路与建议展开论述。他的讲话让与会代表深受启发，受到与会代表好评。

会上，福建省工程监理与项目管理协会理事长张际寿、江苏省建设监理协会秘书长朱丰林等行业协会代表对监理价格放开后，各地的经验与做法与代表们进行了交流发言。郑州中兴工程监理有限公司等监理代表对应对监理价格放开后企业自身发展与管理进行了发言。

会后，中南地区建设监理协会会长、秘书长会议由江西省建设监理协会会长丁维克主持，讨论了《中南地区建设监理协会行业制度・章程》，围绕取消地方监理工程师后如何发挥行业协会作用进行了交流。

（杨溢　提供）

苏浙沪建设监理协会秘书长联席会召开第十一次会议

2015 年 11 月 18 日，苏浙沪建设监理协会秘书长联席会在浙江绍兴召开第十一次会议。浙江省建设工程监理管理协会、江苏省建设监理协会、上海市建设工程咨询行业协会、杭州市建设监理协会、宁波市建设监理与招投标行业协会、绍兴市建设监理协会、南京市建设监理协会、苏州市工程监理协会等苏浙沪监理系统行业协会会长、秘书长等二十余人出席会议。

本次会议主要围绕监理行业改革与发展中监理价格全面放开、工程质量治理五方责任主体、缩小强制监理范围、改革招投标监管方式、BIM 技术创新等一系列热点问题进行了广泛研讨，并达成三点共识。一是苏浙沪秘书长联席会议制度要继续保持下去，以后每次会议选定一个事关行业关键，并具充分法理依据的可操作性事项，作为会议专题。三地协会根据讨论结果，可视情联合起草文件汇报上级主管部门或者出台适用于三地的行业统一示范文本等，争取每次会议至少有一个成果转化，为促进行业发展作出贡献。二是今年年底或明年年初召开小范围预备会，研讨明年三地协会合作事项，设想从监理招投标示范文本、三地监理人员培训教材、考试大纲统一标准等事项中确认一项作为专题，为下一届苏浙沪秘书长联席会做好准备工作。三是明年三地秘书长联席会由上海市建设工程咨询行业协会主办。

苏浙沪秘书长联席会制度是三地之间交流建设监理工作、共商监理发展的好形式，达到了“资源共享、优势互补、共同发展”的目的，希望能为促进全国监理行业的共同发展作出更大贡献。

区域建设监理协会工作联席会召开第三次会议

2015 年 11 月 3 日 ~5 日，北京市监理协会牵头召开了全国部分省市区域建设监理协会工作联席会第三次会议。出席会议的有上海、天津、重庆、北京及陕西、云南、海南、贵州、宁夏、山西、广州、厦门、深圳、武汉等十四个省（直辖市、自治区）市监理协会的代表，北京市 10 家大型监理单位的主要负责人列席了会议，到会人数 49 人。中国监理协会副会长王学军、住建部市场司监理处处长齐心、市住建委质量处处长王鑫参加会议并讲话。会议由常务副会长张元勃主持。

中国建设监理协会王学军副会长通报了全国监理行业的有关情况。市住建委质量处王鑫处长通报新颁布的《北京市建设工程质量条例》的立法背景、指导思想和编写思路，并对涉及工程监理主要内容的条款进行了解读。住建部市场司监理处齐心处长做大会发言时指出：按照国家改革发展的总体思路要求，监理行业的发展也要以市场化为基础，国际化发展为方向，要发挥市场作用、发挥政府作用；市场需要什么样的服务、我们监理能够提供什么样的服务应认真思考，监理不能只当监工，要转变人们的观念就要向技术化、专业化发展，要增加责任感，树立自信心。

会议期间 14 省（直辖市、自治区）市代表就监理的改革、创新、发展及目前监理现状进行了认真的讨论、交流。有 10 位代表即兴发言，汇报了本省、市监理协会工作情况、行业发展现状及监理企业反映的诉求，并提出不少建议。区域工作联席会气氛热烈，达到预期效果，会议圆满成功。

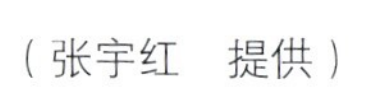
（张宇红　提供）

中国建设监理协会机械分会2015年年会在西安召开

2015年10月30日，中国建设监理协会机械分会2015年年会在西安召开。中国新时代国际工程公司总经理郝小更、陕西省建设监理协会会长商科及分会名誉会长关建勋应邀出席了会议并讲话。分会21家会员单位近40人参加了会议。

与会领导就监理行业当前的市场环境进行了交流，对监理行业的发展提出了建议和意见。分会会长李明安向与会代表汇报了2015年分会完成的主要工作及2016年工作重点，并针对监理行业新常态下如何提升企业核心竞争力作了主题发言，建议监理企业在当前的经济环境下，苦练内功，走做优做强之路。

与会代表围绕新常态下企业面临的问题及应对举措，结合企业实际进行了深入的沟通和交流，气氛热烈。与会人员一致认为，监理企业应在行业协会的领导下，借助协会的平台，把握正确的发展方向，共同应对行业变化，共同发展。

（郑萍　王玉萍　提供）

福建省将于2016年7月全面开展工程监理企业信用评价

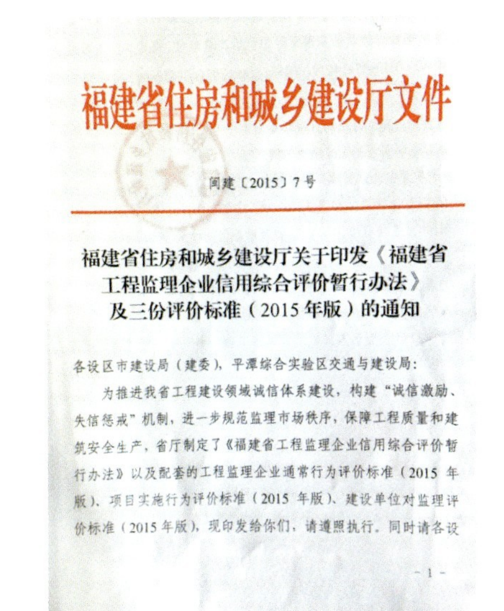

福建省住房和城乡建设厅文件

闽建〔2015〕7号

福建省住房和城乡建设厅关于印发《福建省工程监理企业信用综合评价暂行办法》及三份评价标准（2015年版）的通知

各设区市建设局（建委），平潭综合实验区交通与建设局：

为推进我省工程建设领域诚信体系建设，构建"诚信激励、失信惩戒"机制，进一步规范监理市场秩序，保障工程质量和建筑安全生产，省厅制定了《福建省工程监理企业信用综合评价暂行办法》以及配套的工程监理企业通常行为评价标准（2015年版）、项目实施行为评价标准（2015年版）、建设单位对监理评价标准（2015年版），现印发给你们，请遵照执行。同时请各设

－1－

为了推进福建省工程建设领域监理单位诚信体系建设，构建“诚信激励、失信惩戒”机制，进一步规范监理市场秩序，保障工程质量和建筑安全生产，福建省住建厅制定了《福建省工程监理企业信用综合评价暂行办法》以及配套的2015年版工程监理企业通常行为评价标准、项目实施行为评价标准、建设单位对监理评价标准，并将于2016年7月1日开始对全省的监理单位开展信用评价。

工程监理企业信用综合评价主要用于在福建省行政区域内从事房屋建筑和市政基础设施工程建设活动的市场经营和现场管理情况的量化评分。该暂行办法规定，工程监理企业信用综合评价总分为100分，由企业通常行为评价（45分）、企业项目实施行为评价（50分）、建设单位对监理评价（5分）三部分组成，同时企业通常行为评价采取加减累积分制计算，企业项目实施行为评价和建设单位对监理评价采取动态平均分制计算。

为了更好地应用工程监理企业信用综合评价，督促监理单位诚信经营和加强工程施工现场管控，评价办法还要求监理企业信用综合评价在全省国有投资（含国有投资占主导或控股地位）房建和市政公用工程的招投标评分（可占10%～20%的分数）、企业资质资格动态监管、评优评先、政策扶持等方面相结合。估计该暂行办法的出台，将有效促进监理单位不断加强企业内部管理，从而实现监理单位优胜劣汰，进一步提升福建省监理行业综合素质的目的。

（林杰　提供）

国务院关于第一批清理规范89项国务院部门行政审批中介服务事项的决定

国发〔2015〕58 号

国务院各部委、各直属机构：

根据推进政府职能转变和深化行政审批制度改革的部署和要求，国务院决定第一批清理规范 89 项国务院部门行政审批中介服务事项，不再作为行政审批的受理条件。

各有关部门要加强组织领导，认真做好清理规范行政审批中介服务事项的落实工作，加快配套改革和相关制度建设，加强事中事后监管，保障行政审批质量和效率。要制定完善中介服务的规范和标准，指导监督本行业中介服务机构建立相关制度，规范中介服务机构及从业人员执业行为，细化服务项目、优化服务流程、提高服务质量，营造公平竞争、破除垄断、优胜劣汰的市场环境，促进中介服务市场健康发展，不断提高政府管理科学化、规范化水平。

附件：国务院决定第一批清理规范的国务院部门行政审批中介服务事项目录（共计 89 项）

国务院

2015 年 10 月 11 日

附件

国务院决定第一批清理规范的国务院部门行政审批中介服务事项目录
（涉及监理部分）

序号	中介服务事项名称	涉及的审批事项项目名称	审批部门	中介服务设定依据	中介服务实施机构	处理决定
19	建筑业企业、勘察企业、设计企业、工程监理企业资质申请人财务报表审计	建筑业企业、勘察企业、设计企业、工程监理企业资质认定	住房城乡建设部	《建筑业企业资质管理规定和资质标准实施意见》（建市〔2015〕20号）	会计师事务所或者审计事务所及其他具有相关资格的审计机构	不再要求申请人提供经审计的财务报表
22	注册监理工程师执业资格申请人继续教育培训	监理工程师执业资格认定	住房城乡建设部	《注册监理工程师管理规定》（建设部令第147号） 注：审批工作中要求申请人参加继续教育培训机构组织的培训	由中国建设监理协会组织开展，分为面授和网络教学方式进行，集中面授由中国建设监理协会公布的培训机构实施，网络教学由中国建设监理协会会同专业监理协会和地方监理协会共同组织实施	申请人按照继续教育的标准和要求可参加用人企业组织的培训，也可参加有关机构组织的培训，审批部门不得以任何形式要求申请人必须参加特定中介机构组织的培训

2015年11月开始实施的工程建设标准

序号	标准编号	标准名称	发布日期	实施日期
		国标		
1	GB/T 51097-2015	水土保持林工程设计规范	2015-3-8	2015-11-1
2	GB 51004-2015	建筑地基基础工程施工规范	2015-3-8	2015-11-1
3	GB/T 51064-2015	吹填土地基处理技术规范	2015-3-8	2015-11-1
4	GB/T 51091-2015	试听室工程技术规范	2015-3-8	2015-11-1
5	GB/T 51085-2015	防风固沙林工程设计规范	2015-3-8	2015-11-1
6	GB 50314-2015	智能建筑设计标准	2015-3-8	2015-11-1
7	GB 51093-2015	钢铁企业喷雾焙烧法盐酸废液再生工程技术规范	2015-3-8	2015-11-1
8	GB/T 51094-2015	工业企业湿式气柜技术规范	2015-3-8	2015-11-1
9	GB/T 50448-2015	水泥基灌浆材料应用技术规范	2015-3-8	2015-11-1
10	GB/T 51098-2015	城镇燃气规划规范	2015-3-8	2015-11-1
11	GB 51092-2015	制浆造纸厂设计规范	2015-3-8	2015-11-1
12	GB 51096-2015	风力发电场设计规范	2015-3-8	2015-11-1
13	GB/T 51095-2015	建设工程造价咨询规范	2015-3-8	2015-11-1
14	GB 50197-2015	煤炭工业露天矿设计规范	2015-3-8	2015-11-1
		行标		
1	JGJ/T 29-2015	建筑涂饰工程施工及验收规程	2015-3-13	2015-11-1
2	CJJ 221-2015	城市地下道路工程设计规范	2015-3-13	2015-11-1
3	JGJ/T 365-2015	太阳能光伏玻璃幕墙电气设计规范	2015-3-13	2015-11-1
4	JGJ/T 121-2015	工程网络计划技术规程	2015-3-13	2015-11-1

2015年12月开始实施的工程建设标准

序号	标准编号	标准名称	发布日期	实施日期
		国标		
1	GB 50439-2015	炼钢工程设计规范	2015-4-8	2015-12-1
2	GB 51099-2015	有色金属工业岩土工程勘察规范	2015-4-8	2015-12-1
3	GB/T 51100-2015	绿色商店建筑评价标准	2015-4-8	2015-12-1
4	GB/T 50291-2015	房地产估价规范	2015-4-8	2015-12-1
5	GB/T 51083-2015	城市节水评价标准	2015-4-8	2015-12-1
6	GB 51038-2015	城市道路交通标志和标线设置规范	2015-4-8	2015-12-1

序号	标准编号	标准名称	发布日期	实施日期
行标				
1	JGJ/T 358-2015	农村火炕系统通用技术规程	2015-3-30	2015-12-1
2	JGJ 100-2015	车库建筑设计规范	2015-3-30	2015-12-1
3	JGJ/T 329-2015	交错桁架钢结构设计规程	2015-3-30	2015-12-1
4	JGJ 340-2015	建筑地基检测技术规范	2015-3-30	2015-12-1
5	JGJ/T 350-2015	保温防火复合板应用技术规程	2015-6-3	2015-12-1
6	JGJ/T 351-2015	建筑玻璃膜应用技术规程	2015-6-3	2015-12-1
7	JGJ 360-2015	建筑隔震工程施工及验收规范	2015-6-3	2015-12-1
8	JGJ 367-2015	住宅室内装饰装修设计规范	2015-6-3	2015-12-1

住房和城乡建设部召开全国深入推进工程质量治理两年行动电视电话会议

11月25日，住房和城乡建设部召开全国深入推进工程质量治理两年行动（以下简称“两年行动”）电视电话会议，总结两年行动开展情况，研究部署两年行动下一阶段工作。住房城乡建设部副部长易军出席会议并讲话。

易军指出，两年行动开展一年多来，已经取得了阶段性成果，社会反响良好，但在肯定成绩的同时，也要清醒地看到，两年行动在实施过程中仍存在一些问题。

一是有些地区组织实施不到位。有的地区两年行动推进力度不够，特别是一些市、县一级的建设主管部门对两年行动的重要性、紧迫性认识不足，对各项工作部署执行不彻底，工作主动性不强，有些工作流于形式。

二是有些地区主体责任落实不到位。有些地区的工程质量终身责任落实还不到位，建筑市场秩序仍不规范，转包挂靠、违反工程建设强制性标准等违法违规行为还较为严重，工程质量隐患仍然存在，两年行动还没有完全落实到企业中、落实到项目上。

三是有些地区处罚曝光不到位。有的地区仍存在重检查、轻处罚的情况，对检查发现的问题，仅限于整改，没有严格依法进行处罚，也不及时向社会进行曝光，难以对违法违规的企业和个人形成有力的威慑。

当前，两年行动已进入第二个年头，有些工作进入攻坚阶段。易军要求，深入推进两年行动，要做好五方面工作。

一是进一步明确工作重点。各地要按照两年行动方案和有关部署，切实抓好两年行动的六项重点工作，即全面落实五方主体项目负责人质量终身责任、严厉打击建筑施工转包违法分包行为、健全工程质量监督和监理机制、推动建筑产业现代化、加快建筑市场诚信体系建设、切实提高从业人员素质，确保两年行动取得实效。

二是进一步狠抓贯彻落实。各地要认真总结前一阶段工作，找出存在的问题和不足，深刻分析原因，采取有针对性的举措加以解决，特别是对一些落实不到位的市、县，要进行进一步的部署和督促，确保两年行动真正落实到基层、落实到市县一级主管部门、落实到项目参建各方。各地要进一步建立完善两年行动工作考核机制，对工作开展得力、成效明显的予以通报表扬，对工作不到位、敷衍了事的予以通报批评。

三是进一步加强监督执法。各地要按照两年行动部署，继续加大监督执法检查力度。要创新检查方式，改变事先发通知、打招呼的检查方式，多采取随机检查和飞行检查方式，真正去发现问题、解决问题，对于经常发生质量问题和群众投诉较多的地区、企业和项目，要重点检查，加大随机抽查的频次，提高监管效能。要加大处罚力度，对发现的违法违规企业和个人，坚决依法进行严肃查处，逐步形成不敢违法违规、不想违法违规的局面。

四是进一步强化社会共治。要加快全国统一的建筑市场和工程质量安全诚信平台建设，全面开展企业诚信评价工作，建立完善信用体系机制。要加大舆论宣传和曝光力度，营造全社会关注工程质量的舆论氛围。一方面，要树立一批带头落实两年行动、自觉抵制转包挂靠等违法违规行为、狠抓工程质量的好典型，向社会传递正能量；另一方面，对查处的违法违规企业和人员的典型案例及时曝光，起到震慑、警示作用，形成高压态势。住房城乡建设部将继续深入开展两年行动万里行活动，充分利用中央媒体的喉舌导向作用，营造有利于两年行动开展的工作氛围。

五是进一步完善长效机制。各地在开展两年行动过程中，既要突出工作重点，确保短期内见到成效，更要坚持两年行动与深化建筑业改革发展相结合，促进建筑业持续健康发展。要以确保工程质量为目的，以市场化为基础，以国际化为方向，坚持制度创新、机制创新，进一步改革市场准入、招标投标等制度，健全诚信、担保、保险等市场机制，深化建设项目组织实施方式改革，加快实现建筑产业现代化，深化建筑劳务用工制度改革，促进建筑农民工转化为产业工人，逐步建立以落实工程建设各方主体的质量安全责任为核心，以政府监管、行业自律、市场机制为管理手段的质量安全保证体系，提升工程质量水平。

会议由住房城乡建设部工程质量安全监管司司长李如生主持，建筑市场司司长吴慧娟通报了两年行动开展情况，安徽、山东、浙江、宁夏4个省、自治区住房城乡建设部门负责人进行了交流发言。

（张菊桃收集　摘自《中国建设报》）

住房和城乡建设部工程质量安全监管司通报9月工程质量终身责任制落实情况

日前，工程质量安全监管司通报9月全国工程质量终身责任制落实情况。根据各地上报的《工程质量终身责任制落实情况月报表》，“两书一牌”制度落实情况与8月基本持平。

通报显示，9月，全国新办理质量监督手续的工程共15718项，其中已签署法定代表人授权书、工程质量终身责任承诺书的工程有15612项，覆盖率为99.33%，与8月份基本持平，江苏、浙江、安徽等17个省（区、市）和新疆生产建设兵团覆盖率达100%。全国共有6415项已经开工、正在建设的工程补签了法定代表人授权书和工程质量终身责任承诺书。全国新办理竣工验收备案工程10972项，其中有10486项工程设立永久性标牌，覆盖率为95.57%，与8月份基本持平，安徽、湖北、河北等14个省（区、市）和新疆生产建设兵团覆盖率达100%；有9472项工程建立质量信用档案，覆盖率为86.33%，与8月份基本持平，安徽、河北、天津等12个省（区、市）和新疆生产建设兵团覆盖率达100%。

各地共检查工程58904项，其中省级住房城乡建设主管部门检查工程2350项，市县级住房城乡建设主管部门检查工程56554项。从行政处罚数量看，广西、山东、湖南3个省（区）处罚力度较大；从曝光典型案例数量看，江西、新疆、福建、重庆4个省（自治区、直辖市）曝光力度较大。

（摘自《中国建设报》 宗边）

本期
焦点

聚焦“五届二次会员代表大会暨监理行业诚信建设经验交流会”

2015 年 11 月 10 日，中国建设监理协会在南京召开了五届二次会员代表大会暨监理行业诚信建设经验交流会。江苏省住房和城乡建设厅党组书记、副厅长顾小平出席会议并致欢迎词。政协委员、中国建设监理协会会长郭允冲同志在会上作重要讲话。全国各省市建设监理协会、各建设监理分会（专业委员会）组织了 300 余人参加本次大会。会议分别由中国建设监理协会副会长兼秘书长修璐和副秘书长温健主持，副会长王学军作会议总结。

上午召开的五届二次会员代表大会经投票表决，审议通过了《中国建设监理协会 2015 年工作总结及 2016 年工作要点》、《中国建设监理协会个人会员管理办法（试行）》以及《中国建设监理协会个人会员会费标准与缴费办法（试行）》。

在下午举行的经验交流会上，中国建设监理协会副会长兼秘书长修璐作“建设监理行业发展当前形势与问题”主题报告，天津市建设监理协会、湖南省建设监理协会及宁波市建设监理与招投标咨询行业协会和安徽省建设监理有限公司、江苏建科建设监理有限公司、山西协诚建设工程项目管理有限公司及江苏省宏源电力建设监理有限公司作诚信建设交流发言。

在会议各方的共同努力下，圆满完成了会议预定的各项议程。

在中国建设监理协会五届二次会员代表大会上的讲话

中国建设监理协会会长　郭允冲

各位代表：

大家好，今天我们在南京召开中国建设监理协会五届二次会员代表大会，江苏省住房城乡建设厅党组书记顾小平同志作了热情友好的讲话，介绍了江苏省经济建设和建筑业近年来发展情况，江苏的经济和建筑业形势确实都很好。

我补充两个情况，一个是经济总量，一个是建筑业。去年全国有三个省的GDP超过了5万亿，分别是江苏省、广东省和山东省。广东省比江苏省略多一点，山东省比江苏省略少一些，现在有的省GDP还不到1万亿，5万亿很了不起了，这是经济总量的概念。苏州市的GDP都超过2万亿，这是啥概念，我国直辖市以外的城市近2万亿的只有3个城市，一个是苏州，一个是广州，一个是深圳。广州、深圳都是副省级城市，苏州是地级市，从全国来说，苏州市是唯一一个地级市GDP2万亿，西部地区有的省的GDP还没有超过1万亿的。从全国建筑业看，江苏省、浙江省建筑业规模最大，这两个省的建筑业总产值约占全国1/4，如果再加上北京、上海、山东、广东，约占全国的1/2。全国建筑业的特级企业，光南通市就有14个，浙江绍兴是16个，这两个城市最多，西部有的省份一个特级企业都没有，而江苏全省有38个，江苏省是名副其实的经济大省、建筑大省，而且还是科技大省、文化大省等。这里我替顾书记简单补充介绍一下江苏的情况。刚才，学军同志作了2015年度协会工作情况和明年工作安排的报告，会议对监理个人会员制度情况作了说明，经投票表决已获通过，感谢大家对协会工作的大力支持。

关于工程监理行业情况，以前我作过详细总结，也讲过自己的观点。巧合的是，2010年我当副部长时，就在南京开了一次全国监理行业工作会。开会之前除市场司做了广泛调研外，我也下功夫作过调查研究，召开过几个不同层面的监理工作座谈会，了解监理行业实际情况，当时大会讲话稿就是自己写的，那是在充分调查、分析与研究后写出来的讲话稿。前些时候，我又看了一遍，其中对监理行业存在的问题、下一步的发展思路，我认为还是基本符合当前的实际情况。

下面，我简单讲三点：肯定成绩，认清发展方向，在企业基本功上下功夫。

一是要肯定成绩。肯定成绩要用数字来说话。大家知道，近两年我们国家的经济增长速度放缓，GDP增长速度在放缓，前几年GDP增长都在10%左右，近几年到9%、8%，今年上半年是7%，三季度已经跌破7%了，只有6.9%，GDP增长幅度在下降。建筑业总产值与固定资产投资关系密切，前几年全国经济增长幅度大的时候，固定资产投资最高时达30%左右，低一点20%多，现在上半年固定资产投资已经跌破10%了。建筑业总产值也一样，现在也跌到10%左右，而我们监理行业按照去年的统计数据看，增长幅度远远高于刚才我说的几个数字。我举几个例子，2014年我们监理企业的业务总量是2400多个亿，与前年相比增长33.35%，其中单纯工程监理合同额增长24.07%，咨询、勘察设计、工程招投标、工程造价咨询等综合项目管理增长45.40%。这说明近两年监理业务总量的增长要大于固定资产投资增长，大于建筑业总产值的增长，也远远大于GDP增长，还有就是综合性项目管理的业务量增长远远大于单纯的监理业务的增长率。从单个企业来说，大的企业越来越多，其中9个企业工程监理收入突破3亿元，32个企业工程监理收入超过2亿元，131个企业工程监理收入超过1亿元，工程监理收入超过亿元的企业个数与前年相比，增长55.95%。这几组数字说明，监理企业虽然目前还有很多困难，很多问题，但是收入在增长，监理行业在发展，特别是综合性的项目管理监理企业收入增长大于一般性的单纯的监理企业，这些数字说明了我们监理行业虽然有问题，有困难，还有前途，有希望，要肯定我们的成绩。

二是要认清监理行业的发展方向。以前我多次讲过，大的监理企业要逐步向综合性的项目管理方向发展，就是从单一的监理向综合性的项目管理方向发展；小的监理企业要向做精、做专、做特方向发展。2009年在南京召开的全国监理工作会上我就讲过这个观点，我现在越来越认为这个观点是正确的，这个观点正是我们监理行业的发展方向，离开了这个方向肯定是没有前途的。单纯的搞监理，发展空间越来越小，西方国家的成功经验，就是搞综合性的项目管理。因此，我认为大的监理企业一定要向综合性项目管理方向发展，小的企业向做精做专做特的方向发展。7月份在长春开会时，我问了长春一汽监理企业，它们专门做汽车厂房建设监理。不但一汽制造厂的厂房建设监理全是它们做的，全国大多数汽车制造厂的厂房建设监理都是它们做的，体现了它们的做精做专。像铁路、水利、有色、核工业、兵器等监理企业应发挥专长、特长的优势，在本行业内做精做专。我认为整个监理行业的发展方向就是两极化，一个是向综合性的项目管理方向发展，一个是向做精做专做特的方向发展。

三是要在企业基本功上下功夫。今年长春会上我讲了国家经济、市场经济的发展改革问题。目前行政体制改革、行政审批下放，包括价格管理改革，行政审批减少、企业资质、人员资格将来还有改革的措施出台，我的观点是不管怎么改革、怎么发展、怎么减少行政审批，总的方向是向完善市场经济方向发展。市场经济就是优胜劣汰，就是竞争，这是毫无疑问的。要实行市场经济，实行优胜劣汰，企业只能在做强做实、在企业基本功上下功夫。任凭风吹浪打，任凭政策变化，任凭市场风向变化，企业能力强了什么都不怕，这是毫无疑问的。因此，最终企业的发展还要靠自身，靠企业自身的基本功。主要有四个方面。一是要在提高企业的科技水平上下功夫。不能类似过去的简单管理，一定要提高管理信息化和监理科技含量。二是质量安全。质量安全非常重要，以前个别同志还不太理解我的观点，因为在《建筑法》中对监理的质量安全讲的不是很清楚，后来国务院发布的《建设工程安全生产管理条例》、《安全生产条例》才予以明确，有人认为监理的三项职能似乎不包括质量安全，我不赞同这种观点，我认为质量安全不单是监理行业、监理企业的生命线，质量安全也是任何一个行业、任何一个部门、任何一个企业、任何一个单位的生命线，离开了质量安全，任何工作都是没有意义的。不管是企业，还是国家机关、事业单位都要讲质量安全。比如，昆山市以前是我们国家百强县排第一位的，GDP达到约3000亿元，昆山市的市委书记都能当到副省级领导干部，但是出了大事故，死了100多人，就臭名远扬。任何一个单位别的工作做得好，但是质量安全做得不好，死了人了，一切都白搭。大家都知道民航，民航安全生产抓得非常严、非常好，因此我们国家这几年没有发生大的民航安全生产事故，如果一旦发生大的民航安全事故，就不得安宁，对企业、行业的影响巨大。因此，我反复讲，质量安全不光是我们监理行业，对建筑业来说，包括勘察、设计、施工、项目综合管理，都是非常重要的事情。因此说，质量安全一定是我们监理行业的生命线，是监理企业的生命线。只有质量安全做得好了，监理企业才有发展，监理行业才有好的声誉。三是要全面提高企业的综合管理能力。企业的综合管理能力提高是非常重要的，不能像以前小的监理企业，几个人简单地在现场看看，一定要加强企业的人才管理、科技创新管理、财务管理、现场组织管理、质量安全管理等综合管理。这说起来简单，做起来是非常复杂的，要提高企业综合管理的能力，要有强有力的领导、有人才、有技术、有水平。四是企业诚信。诚信非常重要，不单是监理行业要讲诚信，人人都要讲诚信，就是普通老百姓之间讲话办事都要讲诚信，我们国家几千年的文明中，儒家文化最重要一条就是诚信。“信”字是“人”字旁加一个“言”字，就是人说话要算数，一是一、二是二。诚信，说话算数、实事求是是任何一个人、任何一个社会、任何一个国家想发展、要进步必须做的。监理要讲诚信，各行各业，哪怕小孩子都要讲诚信。前段时间我对佛教做了点研究，佛教中讲“如来佛”，“如来”就是如实、真如的意思，按照佛教的本义，“如来”就是乘真如之道而来，这说明佛教也是讲实事求是。离开了实事求是，都是伪科学，都是毫无意义。诚信非常重要，不光我们监理行业要讲诚信，社会各界都要讲诚信。近些年，经济发展了，诚信却有点问题，各行各业虚假的、不真实的甚至坑蒙拐骗的事情很多，造成谁都不相信谁，马路上扶一位老太太还要先拍照才扶起，扶了以后还要怕欺诈，好事坏事都分不清楚，这看出了诚信的坍塌，因此我们必须在企业诚信上下功夫。

企业基本功我讲的四个方面，我认为质量安全和诚信是最为重要的两条。如果这两条做不好，科技水平再高也没用，项目管理水平再高也没用，天天发生事故，老是说话不算数一切都是空的。所以，最重要的应该是这两条，一个是做好质量安全；一个是诚信、说话算数，哪怕少赚点钱、赔点钱，也不能为了赚钱而昧着良心说话。我们一定要坚持诚信，一定要做好质量安全工作，企业发展才有广阔的前景。

谢谢大家！

在监理行业诚信建设经验交流会上的总结讲话

中国建设监理协会副会长　王学军

同志们：

中国建设监理协会主办和江苏省建设监理协会协办的监理行业诚信建设经验交流会今天圆满结束了。加强监理行业诚信体系建设，是中国建设监理协会新一届领导集体高度重视的工作，协会先后制订了《建设监理行业自律公约》、《监理人员职业道德行为准则》。今年对建设监理企业诚信建设标准正在进行调研，拟制订监理企业诚信标准。协会行业专家委员会下设诚信建设与法律咨询专家组，指导行业诚信工作的开展。目前，各地方协会和专业委员会对诚信体系建设工作都是重视的，做了大量工作，并取得了一定成效。

在这次交流会上，修璐副会长作了监理行业发展报告，对大家正确认识监理现状、正确对待监理行业发展中遇到的问题，如何应对改革、促进监理行业健康发展具有一定的启示，值得大家思考。天津市建设监理协会、湖南省建设监理协会、宁波市建设监理与招投标咨询行业协会，分别介绍了在诚信体系建设和开展诚信评价方面所做的工作，特别是对诚信评价结果运用方面独到的做法，如天津市建设监理协会将评价结果与评先表扬挂钩，促进人员素质提高。湖南省建设监理协会和宁波市建设监理与招投标咨询行业协会将评价结果与招投标挂钩，促进企业诚信经营，值得各协会在行业诚信建设中借鉴。安徽省建设监理公司介绍的坚持诚信为本，开展诚信经营、诚信服务的做法，江苏省宏源电力建设监理公司介绍的开展诚信教育、推进诚信机制建设、提升诚信服务能力的做法，山西协诚建设工程项目管理公司介绍的建立廉政建设长效机制、将廉政建设与各项业务工作紧密结合，促进诚信经营和诚信执业的做法，值得各监理企业借鉴。江苏省建设监理协会会长、江苏建科监理公司董事长陈贵同志介绍了该公司诚信建设情况，分析了监理行业诚信现状，提出了如何加强诚信建设的意见，值得大家参考。

这次诚信建设经验交流会，对于促进行业诚信体系建设，促进企业诚信经营、个人诚信执业，稳定监理市场秩序，推进行业健康发展将起到积极作用。

大家对协会2016年要做的工作，提出了很好的意见，协会秘书处将认真研究，力争明年工作做得更好。

下面我对加强行业诚信体系建设谈几点意见供大家参考。

一、重视行业诚信体系建设

“全面依法治国”是我国的基本方略，在法制不健全的情况下，诚实守信则是企业的生存发展之本，也是做人做事的基本原则。过去，监理行业主

要靠建设行政管理部门进行管理，随着行政管理体制改革、简政放权，未来监理行业主要靠行业自律来管理，行业自律管理中诚信体系建设是一项重要工作。因此，协会和企业领导要意识到诚信建设在行业和企业发展中的重要作用，扎实做好诚信体系建设工作。

目前，党和国家高度重视社会信用体系建设，党中央提出二十四字社会主义核心价值观，要求做人做事要诚信。李克强总理提出，加快社会信用体系建设，建立全国统一的社会信用代码制度和信用信息共享交换平台。让失信者寸步难行，让守信者一路畅通。住房城乡建设部也高度重视建筑行业诚信体系建设，21 世纪初，下发了《关于加强推进建筑市场信用体系建设工作的指导意见》和《建筑市场诚信行为信息管理办法》，推进建筑行业诚信建设。近年来，积极推进建筑市场监管信息化与诚信体系建设，提出逐步建立“守信激励、失信惩戒”的建筑市场信用环境。在“全国工程质量治理两年行动电视电话会议”上再次提出，加快推进建筑市场数据库建设，并要求今年年底前各省区建设主管部门要建成并联网。这对于加强建筑市场监管，推进建筑行业诚信建设奠定了基础。因此，我们行业协会要积极与建设行政主管部门沟通，借用各地建设行政主管部门建立的建筑市场信息平台资源，推进监理行业诚信建设。

二、监理行业诚信体系建设内容

协会是社会团体，不具有行政权力，但有指导和引导监理企业和监理人员严格执行与监理工作相关法律法规和标准规范、认真执行行规公约、遵纪守规、廉洁执业、提供优质规范服务、维护本行业和企业利益、避免或杜绝恶性竞争和不诚信问题发生的责任。从监理行业现状看，特别是个别企业和人员确实存在不讲信用、不守诚信的问题。如有的企业在招投标活动中参与低价恶性竞争，中标后不按照合同约定派遣监理人员和配备设备，有的甚至搞签字监理等等；有的监理人员履职不到位或不认真履职，有的甚至吃、拿、卡、要，与施工、材料供应商串通损害业主的利益，等等。因此对这些不守信用、损害监理行业信誉的行为我们要坚决纠正。如何纠正，就是要建立健全诚信体系，包括诚信教育，建立行规或公约、职业道德规范、奖励与处罚等制度。加强对监理企业和监理人员行为诚信评价，弘扬正气，抵制歪风，逐步形成监理企业和人员在经营活动和执业过程中守合同、讲诚信的氛围。

（一）开展诚信教育

人的行为是受意识和思想支配的，因此，要加大正面宣传教育，对诚实守信的监理企业和监理人员，我们要利用报刊、网络等媒体进行宣传，弘扬正气，传递正能量。引导监理企业和从业人员树立正确的人生观和价值观，做到认真履职、踏实干事、诚信做人。在这方面，山西省建设监理协会在开展丰富多彩的正面宣传教育活动，鼓励企业诚信经营和个人诚信执业方面取得了良好效果。

（二）制订行规公约

要制订符合本地区、本行业实际的《建设监理行业自律公约》和《监理行业人员职业道德行为准则》。绝大部分地方和行业协会已经做到了规范企业和人员的行为，明确了应当做什么，提倡怎么做，反对做什么，禁止做什么。没有建立行规公约的地方协会和行业专业委员会，要结合本地区本行业存在的突出问题，加强诚信体系建设，规范企业和监理人员的行为，引导企业和人员走诚实守信的发展道路，防止不诚信问题的发生。

（三）制订本地区监理行业诚信等级评定办法

诚信制度贵在落实。要让企业和从业人员知道，诚信制度执行情况要定期进行评价，结果要与企业经营活动和个人执业资格挂钩。这么做，有利于提高企业坚持走诚信经营道路的自觉意识，有利于个人执业诚信意识的增强，也有利于监理事业健康发展。在这方面，湖南省、天津市、安徽省建设监理协会制订了企业诚信评价要素与评价指标，比较全面地涵盖了企业静态和动态诚信情况，天津市建设监理协会对人员诚信评价制订了20个评价指标，并定期组织评价的方式方法，值得大家借鉴。

（四）弘扬正气，遏制不诚信行为发生

有能力的地方和行业协会可定期组织对企业和个人诚信评价。对那些不讲诚信的企业和个人，要建议建设行政主管部门加大处罚力度。积极推进诚信评价结果与招投标活动和个人执业资格挂钩。如湖南省建设监理协会、宁波市建设监理与招投标咨询行业协会将诚信评价结果与招投标挂钩的做法，值得大家向政府部门推荐。天津市建设监理协会将评价结果与评先表扬相结合的做法，值得大家借鉴。同时，利用建设行政管理部门建立的建筑业全国统一信息平台，把不诚信、不守信用的企业市场行为和个人职业行为记入企业和个人诚信档案，造成不良影响和后果的给予曝光，使这样的企业和个人在全国范围内失去获取市场资源和执业的机会。

三、关于监理行业改革发展问题

目前，我们行业最关心的是监理职能定位、强制监理范围、监理市场取费、监理资格管理、监理资质标准设定和监理工程师考试准入条件等，协会在积极向建设行政主管部门反映大家的意见，争取能有理想的结果。

国家继续实行建设工程监理制度，住房城乡建设部将监理列为工程质量五方责任主体之一，明确了监理在工程建设中的地位。监理行业发展中需要解决的问题较多，但继续推行工程建设监理制度不会改变，进一步发挥监理的作用，仍然是政府、行业协会和监理企业永恒的主题。当前监理行业发展遇到的主要问题，我认为主要有以下几个方面：

（一）监理费政府指导价取消后，出现低价竞争，影响监理行业诚信建设

监理费政府指导价取消后，中监协发出了《关于指导监理企业规范价格行为、维护市场秩序的通知》，要求监理企业可根据市场供求、项目复杂程度、监理服务内容、企业管理成本等因素，确定监理服务价格；地方协会和行业专业委员会建立工程监理服务价格收集和发布机制。可对已成交的监理项目、服务内容、监理价格信息或监理项目、服务内容、监理人员服务价格信息进行采集公布，为社会提供工程监理服务价格信息。有的地方协会，在收集过去监理价格的基础上制订了监理取费计价规则。目前，监理服务取费计价出现了五种方式：一是参照国家发改委原670号文件计价；二是按欧洲人工成本价公式加企业利润计价；三是按不同监理人员人工成本计价；四是与业主协商计价；五是政府部门参照国家发改委原670号文人工成本价购买监理服务。按人工服务成本计价是监理取费发展的主要方式之一，可避免工期延长给企业带来的经济损失。总体上看，监理服务费取费形式多样化，服务价格较稳定。也有个别地区和行业监理服务费下降的情况，主要原因是个别企业不诚信，存在低价恶性竞争现象。如有一个工程项目，正常监理服务费300万元，有的企业投标报价仅50万元。但也出现了个别开发商回头找报价高监理企业承担项目监理的情况。

由于监理服务价格市场还处在探索时期，对监理企业发展的影响是明显的，相信监理市场最终会形成统一的成本计价规则。

（二）国家取消省级政府部门设置的人员职业资格，监理行业人才队伍建设受到影响

据统计2014年底，全国从事监理的人员80余万人，取得国家注册监理工程师证和其他注册证的共20余万人，占监理人员的25%，也就是说，做监理的人员75%没有注册证书。近年来，部分省市和部门已发文取消颁发的监理资格证书，配套措施没有跟上。国家监理工程师考试门槛较高，会出现大量无注册证人员上岗，关系到监理服务质量。协会和企业要加强对无注册证人员的职业培训，提高业务能力和综合素质，保障服务质量和服务水平不降低。

（三）国家经济发展放缓，监理企业经营受到影响

今年，国家经济放缓，GDP增长设定为百分之七，新建工程项目有所减少，监理企业承揽业务量明显减少，有的监理企业承接的监理业务量与去年相比，下降明显。虽然国家对铁路、水利投资在加大，住房保障和棚户区改造投资基本没有变，但因多种因素，新开工项目有所减少。我们要提高服务能力和水平，以优质服务和为业主创造价值，赢得市场份额和优等服务价格。

（四）监理人员综合素质，影响企业发展

政府重视监理作用发挥，业主对监理人员素质要求也在提高。如某企业有上千人监理队伍，承接了两个各需要 100 名监理人员的项目，该公司负责人讲，公司选的监理人员业主单位要面试，素质低的他们不要。他讲如再承接这样的项目，他从公司就选不出业主需要的素质高的监理人员。云南城建工程咨询公司，政府购买监理服务，按人工成本付费，对不同学历监理人员支付的费用也不同。因此，监理人员的综合素质急需提高，不然就跟不上市场对监理人员素质的要求，就会被市场淘汰。为尽快解决这个问题，协会正在组织专家对如何做好监理职业人员培训工作进行调研。

（五）提高管理信息化和监理科技含量

当今社会已步入信息化时代，发挥互联网 + 监理促进行业发展，是时代的要求。企业管理和项目监理还保持原有状态，必然制约行业和企业发展。必须提高管理信息化水平和监理科技含量，以适应时代对行业和企业发展的要求。

促进监理行业健康发展，任重道远，如何进一步发挥监理的作用，确保工程质量安全，是政府主管部门工作的重点，也是我们行业协会工作的主要目标之一，更是企业经营的主要目标。因此，我们行业协会和监理企业要配合政府主管部门，认真落实总结六项规定，共同推进监理作用的进一步发挥，保障工程质量安全，推进监理企业诚信经营和监理人员诚信执业，促进监理事业健康发展。

中国建设监理协会2015年工作总结

2015年，中国建设监理协会认真落实党的十八大和十八届三中、四中全会精神，紧密围绕住房和城乡建设部建设工作中心和建设监理行业实际开展协会工作，带领广大会员单位深入开展工程质量治理两年行动，贯彻落实总监理工程师质量安全六项规定，配合政府主管部门开展监理行业改革与发展研究，加强监理行业诚信体系建设，指导企业公平竞争，维护行业权益和市场秩序，促进监理企业科学发展方面做了一些有益工作。现报告如下：

2015年工作总结

（一）响应号召，积极部署，协助政府做好行业管理

1. 继续推进住房城乡建设部工程质量治理两年行动方案的贯彻落实工作。利用中国建设监理协会网和《中国建设监理与咨询》出版物及时反映报道“两年行动”开展情况，对住房城乡建设部制订的总监理工程师质量安全六项规定，通过下发文件、召开会议等形式积极宣贯，把总监理工程师质量安全六项规定落实到了企业、落实到了项目。

2. 为贯彻全国住房城乡建设工作会议精神，2015年3月协会在北京召开了全国监理协会秘书长会议。会议交流了地方协会工作经验，总结了落实工程质量治理两年行动情况，部署了配合行政主管部门做好监理管理制度改革、推进行业诚信体系建设和行业自律、改进监理工程师注册与继续教育、加强行业理论研究、加大行业宣传引导企业文化建设等六方面工作，下发了《中国建设监理协会2015年工作要点》和《监理人员职业道德行为准则（试行）》。

（二）重视研究，强化交流，推动行业健康发展

1. 成立专委会，推进行业发展课题研究工作

2015年3月，协会在深圳召开了“中国建设监理协会专家委员会成立大会”，表决通过了专家委员会领导机构和组成人员及机构设置。专家委员会设有三个专家组，即专家委员会下设理论研究与技术进步、行业自律与法律咨询、教育与考试三个专家组，现有行业专家115人。各专家组根据行业发展需求提出了2015年研究课题，分别是教育与考试专家组的“监理人员培训指导意见研究”、理论研究与技术进步专家组的“房屋建筑工程项目监理机构及工作标准”和“项目综合咨询管理及监理行业发展方向”、行业自律与法律咨询专家组的“监理企业诚信标准”。目前各课题工作组正按计划组织实施。

2. 应对监理服务价格市场化新形势，推进工程监理与项目管理一体化服务

2015年7月协会在长春组织召开“建设工程项目管理经验交流会”，来自各地（部门）监理协会和监理企业代表400人参加了会议，郭允冲会长就提高企业综合素质和推进监理行业改革发展作了重要讲话。香港皇家特许测量师学会、台湾“中央大学”营建管理研究所和上海市建设工程监理咨询有限公司等11位行业专家作了专题演讲。会议分析了当前监理企业面临的机遇与挑战，交流了外资与境外项目管理经验，探讨了先进的项目管理方法，

圆满完成了各项议程，收到与会人员的一致好评。

3. 开展多种形式调查研究，向政府反映行业情况

协会秘书处通过参加各协会组织的有关会议，不失时机开展调研工作，倾听会员呼声，了解行业问题。今年9月，根据部建筑市场监管司要求，我们以问卷形式通过北京市、天津市建设监理协会和中国交通建设监理协会及中国铁道建设监理专业委员会，分别对房屋建筑、市政公用、公路和铁路四类专业工程的监理定位、业务来源、招标情况等八个方面内容进行了调查，有关调查情况及时向主管部门做了反馈。10月份，根据部建筑市场监管司要求，我们又组织部分专家委员会成员，会同广东省、湖北省、陕西省建设监理协会和上海市建设工程监理咨询有限公司及武汉华胜工程建设科技有限公司等数家单位，就“工程监理行业地位和服务内容发展趋势”进行调研工作，按照调研内容要求，协会撰写了《工程监理行业地位和服务内容发展趋势研究报告》，如实反映了当前工程监理地位偏移、监理内容变化、监理连带安全责任、监理价格市场化竞争加剧等诸多问题，调研报告通过具体案例和数据分析，较为客观地反映了当前监理行业现状，提出了促进监理行业发展若干意见和建议，该报告已按要求提交部建筑市场监管司。

（三）周密组织，精心安排，做好监理工程师考试和继续教育工作

监理工程师考试和继续教育工作是协会的重要工作之一。2015年，协会协助人社部人事考试中心做好监理工程师考试工作。在广泛听取各方意见的基础上，不断改进和提高试题质量，出色完成了出题审题工作和主观题阅卷工作。总体来看，今年试题内容与监理实际工作结合得更加紧密，实用性更强，试题设计受到了有关机构、社会和考生的好评，没有发生考题质量和泄密事故。今年参加监理工程师考试57973人，合格17906人，合格率30.89%。

在注册监理工程师继续教育方面，为提高网络继续教育质量，协会加强对网络继续教育的规范管理，启用了新的注册监理工程师网络继续教育平台，完成新旧网站的转换，调整了网络继续教育管理模式。在2014年布置修订网络继续教育课件的基础上，于2015年1月召开了继续教育课件验收会，对原有课件进行了修改更新。目前已有35家地方或行业管理机构申请参加网络继续教育，已开通34家，2015年1月~10月，共有45835人报名参加网络学习。

另外，协会正在组织专家开始准备编制培训大纲和培训教材，努力做好监理人员岗位培训工作的管理工作。

（四）密切配合，提高效率，做好执业资格注册工作

2015年，为配合住房城乡建设部行政主管部门审批制度改革，协会起草了《注册监理工程师审批事项服务指南》、《注册监理工程师注册审批服务规范》等，对监理工程师注册程序进行了规范。为了配合政府主管部门对变更注册和注销注册管理权限改革，协会起草了《关于将广东省内的变更注册和注销注册审批权下放至广东省主管部门的对接办法》。目前，按照部建筑市场监管司安排，正在与广东省注册中心进行交接。制定这些文件，使执业资格注册工作有规可循、有据可依。

同时，协会努力提高执业资格注册工作效率。今年1月~10月，共受理执业资格注册申请59524件（人），其中：初始注册18771件（人），变更注册22340件（人），延续注册16597件（人），遗失补办665件（人），注销注册1151件（人）。经初审五项共计合格57031（件）人。

（五）紧跟形势，注重实效，做好工程监理费市场化指导

《国家发展改革委关于进一步放开建设项目专业服务价格的通知》（发改价格[2015]299号）颁布后，协会密切关注价格放开后的监理收费变化和市场竞争形势，多次与政府主管部门沟通，并到各地进行调研，在征求副会长和部分专家意见的基础上，起草了《关于指导监理企业规范价格行为、维护市场秩序的通知》，经会长会议审议，下发至地

方监理协会和行业专业委员会。该通知提出工程监理企业可根据市场供求、项目复杂程度、监理服务内容、企业管理成本等因素，确定监理价格；地方协会和行业专业委员会可建立工程监理服务价格收集和发布机制；对已成交的监理项目、服务内容、监理价格信息或监理项目、监理人员服务价格信息进行采集公布，为社会提供工程监理服务价格信息。该文下发后，有的地方和行业协会根据已成交项目监理服务价格，制订了本地区或本行业监理取费试行规则，有的地方协会拟发布已成交监理取费价格信息，对行业应对监理服务价格市场化起到了一定的指导作用。

（六）提供信息服务，强化行业宣传，办好《中国建设监理与咨询》

《中国建设监理与咨询》赢得行业较高评价。2014 年底协会与中国建筑工业出版社合创的《中国建设监理与咨询》与广大会员及行业各界见面，内容设有政策法规、行业动态、人物专访、监理论坛、项目管理与咨询、创新与研究、企业文化、人才培养等多个栏目，对监理企业及行业发展起到了较强的宣传引导作用，赢得行业较高评价。为提高质量，更好发挥其应有功能，2015 年 4 月协会召开了《中国建设监理与咨询》通联会，通报了编委会工作情况，研究确定了下一步宣传方向和主要栏目内容。在地方协会和行业协会的帮助下，又补充 28 名通讯员，健全了通讯员队伍。

目前，《中国建设监理与咨询》发展态势良好，各地方协会和监理企业积极订阅，上半年征订量达 3250 册，另免费赠送团体会员和单位会员 1200 余册，印刷总数 4800 册。《中国建设监理与咨询》创办后，现已发行 5 期，普遍反映较好，投稿质量愈来愈高，社会关注越来越大，发展前景呈现良好趋势。

（七）树立改革意识，加强自身建设，促进行业管理与国际接轨

1. 完善规章制度，改进人员结构

协会在住房城乡建设部和民政部的指导和监督下，进一步补充和完善协会内部各项管理制度，规范文件、档案等管理工作。根据秘书处人员结构状况，先后招聘了六名具有大学本科学历和一定工作经验的年轻同志，提高了协会秘书处服务能力。

2. 加强分支机构管理，提高分会专业服务能力

2015 年初组织召开了分支机构工作会议，对 5 个分支机构上年度工作总结和新年度工作计划及费用预算等提出了相关要求，规范了对分支机构的管理，分支机构工作有效开展。

石油天然气分会协助中国石油集团工程建设分公司起草了《中国石油监理企业承诺书》，强化石油监理行业自律。水电分会应国网新源控股有限公司的委托，组织会员企业为项目建设单位提供咨询服务，完成了《抽水蓄能电站工程施工监理规范》和《抽水蓄能电站工程项目质量验收与评定标准》的编制工作，并于 2015 年由国网新源控股有限公司正式颁布执行。化工分会积极组织开展了专业技术、管理方面的培训讲座，提高了化工监理队伍员工的素质。机械分会召开了"监理企业管理创新研讨会"，交流了企业经营管理、人力资源管理、技术质量管理等方面的创新经验。船舶分会在推进船舶监理行业信用体系建设，引导企业诚信经营方面取得了一定成绩。

3. 参照国际惯例，设立个人会员

为适应市场化改革，强化个人资格管理，完善自律机制建设，逐步实现个人资格管理与国际接轨，协会在原有团体会员、单位会员的基础上，拟建立个人会员制度。2015 年 6 月在哈尔滨组织召开的中国建设监理协会会长工作会，审议讨论了《中国建设监理协会个人会员管理办法》和《个人会员会费标准和缴费办法》，获原则同意。根据会长会议要求，2015 年 8 月协会在贵阳市召开全国监理协会秘书长工作会，会议对个人会员制度的建立作了进一步说明和讨论并得到会议认同，拟提请本次会员代表大会审议。郭允冲会长高度重视个人会员制度建设，亲临会议，提出了明确要求。

4. 做好会员接纳和理事调整工作

2015 年接纳单位会员 31 家，团体会员 3 家。本次理事会讨论接纳单位会员 31 家，团体会员 1 家，变更和增补常务理事 9 名，变更和增补理事 24 名。

（八）团结协作，创新服务，共促行业健康发展

今年以来，协会与地方、行业协会团结协作，相互支持，在行业调研、经验交流等方面做了些有益工作。同时地方、行业协会在创新工作思路，推进监理行业健康发展方面也取得了较大成绩，成为各协会工作的亮点。

山西省建设监理协会组织《规范》知识竞赛、会员送温暖活动、诚信建设“大家”评“大家”、“明察暗访”促监理，编印《建设监理实务新解500问》、刊发《工程质量治理专报》和表彰“20强企业”，制定颁发《山西省建设监理计费规则》等，赢得了各方面赞誉。

北京市建设监理协会成立北京市建设监理协会创新研究院，在政策咨询、技术标准、监理手段和方法创新等方面取得了多项成果，汇编成册向行业发布，得到了广泛好评。

江苏省建设监理协会“工程监理工作质量考评和信息系统研究”课题成果显著。“工程监理保险责任”方面的实践探讨，走在行业前列，全新的“工程监理综合保险”一经推出，受到了各监理企业的热烈欢迎。

天津市建设监理协会、湖南省建设监理协会、宁波市建设监理与招投标咨询行业协会、中国电力监理专业委员会等，在监理行业诚信评价体系建设、行业自律监管、监理从业人员绩效考核方面有着较为成熟的经验。

电力监理专委会组织113家会员单位全部签订了《会员承诺书》，承诺自觉遵守行业自律等行业管理规则，共同塑造公平、有序的市场竞争秩序。

理事单位，包括北京交通大学经济管理学院工程管理系、北京方圆工程监理有限公司、京兴国际工程管理公司、上海市建设工程监理有限公司、上海同济工程咨询有限公司、重庆联盛建设项目管理有限公司、江苏建科建设监理有限公司、浙江江南工程管理股份有限公司、武汉华胜工程建设科技有限公司等长期给予中建监协工作有力支持，在行业调查、课题研究、撰写报告、教育考试、组织会议、经验交流和推进行业建设发展等方面作出了很大贡献。

去年年底以来中国建设监理协会分别组织召开了数次不同内容和规模的会议，得到了浙江省建设工程监理管理协会、云南省建设监理协会、深圳市监理工程师协会、吉林省建设监理协会和贵州省建设监理协会的强有力支持，落实场地、接送站、印刷资料、代表报到、后勤保障等，协助协会做了大量的会务工作，为会议圆满召开作出了显著贡献。

总之，2015年协会在住房城乡建设部、民政部指导下，在各省市、专业部门协会和广大会员单位支持下，取得了一定成绩并有所发展。借此机会，对大家表示衷心感谢！

代表发言摘要

近日，在南京召开的由中国建设监理协会主办，江苏省建设监理协会协办的建设工程监理行业诚信建设经验交流会上，副会长兼秘书长修璐作了主题报告，7位协会或企业代表作了交流发言。本次会议立足诚信，视角全面，企业以诚信促自身提高，协会以诚信促行业发展，从诚信评价体系建立的提出到诚信体系建设的发展应用，从执业诚信到建立企业诚信服务的长效机制，地方、行业协会及监理企业的诚信经验都说明了行业开展诚信建设的重要性与紧迫性，其中的成功做法、有益经验给与会人员提供了借鉴、指明了方向。

建设监理行业发展当前形势与问题

中国建设监理协会副会长兼秘书长　修璐

修璐同志结合新时期的改革发展形势，对监理行业与企业发展基本情况进行评估，分析了监理行业、企业遇到问题的核心影响因素和主要矛盾，研究了监理行业、企业当前面临的主要问题，提出了监理行业、企业调整思路、促进发展的相关建议。他认为新常态下监理企业不仅面临挑战，也存在着发展机遇，将有利于促进部分定位从事施工阶段监理工作的企业全面升级，部分有条件企业向项目管理公司、工程咨询企业转型。指出建设监理行业和企业当前面临的主要问题仍是价格问题、五方主体责任问题、市场准入政策调整问题等五方面问题。

修璐同志表示大型和骨干监理企业是行业发展的主力军，是推动行业技术进步的中坚力量，对行业发展有着重要的责任。在行业转型升级发展中要充分调动和发挥大型和骨干企业引领作用。修璐同志强调，企业必须提高自身法律意识，完善企业自身防风险制度建设；企业转型升级要以信息化、智能化、网络化为切入点，重点研究网络＋传统建设监理模式。

诚信体系建设工作汇报

湖南省建设监理协会常务副会长兼秘书长　屠名瑚

湖南省建设监理协会介绍了该协会诚信体系建设概况，从开展行业自律监管和开展行业诚信等级评定工作两方面分析了协会的诚信体系建设举措。通过近6年三轮的实施情况看，行业诚信等级评定工作，较好地达到了预期目标。分享了诚信等级评定工作的几点体会，要在条件完全成熟的情况下，成立评级机构和组建专家库，合理设计AAA标准，评定过程必须坚持公平、公正、公开原则。

持续抓好监理行业诚信体系建设 推进监理行业整体素质提高

天津市建设监理协会理事长　周崇浩

天津市建设监理协会从诚信评价体系建立的提出、诚信评价指标体系的设立、诚信评价体系的评价模式三方面介绍了天津协会开拓监理行业诚信评价体系的经验，从抓好评价体系成果的试评、抓好评价体系成果的推进、抓好诚信评价体系建设的持续三方面阐述天津协会持续推进监理行业诚信评价体系建设新常态。随着诚信评价工作的持续推进，天津市监理行业整体素质有了比较明显的提高，AAA级诚信监理企业评价比率不断增长，三星级诚信监理人员评价质量明显提高，监理企业信息化管理水平稳步提升。

助推行业诚信体系建设 坚持行业自律发展道路

宁波市建设监理与招投标咨询行业协会会长　柴凯旋

宁波市建设监理与招投标咨询行业协会从“构建三个制度、强化两个保障机制、落实三个挂钩”等三方面介绍宁波市建筑市场信用体系建设基本情况。分享了该协会在宁波市监理行业诚信体系建设中所做的工作：一是开展行业调研，为诚信体系建设提供基础数据；二是参与政策制定，使政策体系更加切合行业实际；三是协助信用管理，与政府部门合力构成管理网络；四是坚持行业自律，为诚信体系建设打造良好基础。分享了该协会参与诚信体系建设和行业自律实践的体会，表示愿和兄弟省市协会一道努力推动监理行业诚信体系建设，提高行业诚信水平。

诚信为本 信守合同 创建有公信力的品牌监理企业

安徽省建设监理有限公司董事长兼总经理　陈磊

诚信是一个企业的灵魂，当我们选择了诚信经营作为企业经营理念的时候，我们也就选择了一条可持续发展之路，“诚信”理念作为企业多年来的精神法宝，将发挥更大的作用。

安徽省建设监理有限公司介绍企业开展诚信经营的几点经验：一是诚信为本，加强自身建设；二是诚信经营，提升服务质量；三是规范管理、坚持诚信服务；四是展望未来，打造诚信品牌。同时表示公司将一如既往地坚持以诚信为本，守合同、重信用，塑造品牌企业，为在全社会树立诚信意识、建设“信用中国”做出自己的一份贡献。

打造诚信服务企业　擦亮电力监理品牌

江苏省宏源电力建设监理有限公司总经理　俞金顺

监理企业和个人的诚信行为已经成为影响监理行业生存和发展的头等大事，监理工作者是工程质量的卫士，如果缺乏诚信意识，缺乏责任担当，监理必然失去生存的空间。只有坚持诚信建设和诚信作为，才能赢得市场，赢得尊重。

江苏省宏源电力建设监理有限公司介绍企业坚持“诚信、责任、创新、奉献”的核心价值观，打造“诚信企业”服务品牌。一是深入开展诚信教育，践行“诚信企业”理念；二是扎实推进诚信机制建设，夯实“诚信企业”基础；三是规范履约践诺，打造“诚信服务”品牌；四是创新管理方式，创建诚信信息体系；五是优化人员素质，提升诚信服务能力。

执业诚信应是监理企业的自觉行动

江苏建科建设监理有限公司董事长　陈贵

市场经济是信用经济，要求市场主体必须重合同守信誉。在改革开放的当今，我们更应该弘扬中华民族的传统美德，建立与当代经济社会相适应的诚信体系，努力建设诚信社会。

江苏建科建设监理有限公司分析了建设工程监理执业诚信的现况，介绍公司通过规范经营投标、履行监理合同责任、抓合同诚信、以人为本、把诚信执业作为公司核心价值取向、加强诚信考核等方面的工作，花大力气打造监理企业诚信度的经验，最后从政府、协会、企业、人员、市场五个方面思考了如何推进监理行业诚信，表示愿意进一步提高认识、落实措施，用实际行动为建立更加诚信的监理行业贡献力量。

监理企业建立廉政建设长效机制的实践与探讨

山西协诚建设工程项目管理有限公司副总经理　王积瑞

廉洁自律是各个行业工作的底线、红线，底线不能破，红线不能碰。诚信是一切经济活动和社会生活的基本准则，也是企业立业之道，兴业之本。廉洁自律和诚信服务是相辅相成的，缺一不可。

山西协诚建设工程项目管理有限公司介绍企业建立廉洁自律、诚信服务长效机制的实践经验：一是提高全体员工对廉洁自律、诚信服务重要性的认识；二是强化层级管理责任制，加大对项目部管理力度；三是加强制度建设，注重发挥制度的整体功效；四是创新管理机制，落实诚信服务责任书、质量安全责任书、经济责任书问责制和项目监理资料考评制，促进工程项目监管执行力。

中国建设监理协会关于建立个人会员制度的通知

中建监协[2015]78号

各省、自治区、直辖市建设监理协会，有关行业建设监理协会（分会、专业委员会），中国建设监理协会各分会：

为促进建设监理行业健康发展，加强行业自律管理和诚信建设，增强行业凝聚力，进一步发挥协会的桥梁与纽带作用。根据《中国建设监理协会章程》的有关规定，结合监理行业发展的实际情况，我协会决定建立个人会员制度。

在征求业务主管部门、地方和行业协会以及监理单位意见的基础上，我协会起草了《中国建设监理协会个人会员管理办法（试行）》和《中国建设监理协会个人会员会费标准与缴费办法（试行）》，并经协会五届二次会员代表大会审议通过，现印发给你们，请你们结合本地区、本行业实际情况配合做好相关工作。

附件：1. 中国建设监理协会个人会员管理办法（试行）

2. 中国建设监理协会个人会员会费标准与缴费办法（试行）

3. 中国建设监理协会个人会员入会程序（略）

中国建设监理协会

2015 年 11 月 17 日

附件 1

中国建设监理协会个人会员管理办法（试行）

第一章　总　则

第一条　为加强监理行业自律管理和诚信建设，规范服务和职业行为，提高服务质量，维护其合法权益，推进行业管理工作有序开展，根据《中国建设监理协会章程》规定，中国建设监理协会（以下简称中监协）建立个人会员制度，制定本办法。

第二条　取得《中华人民共和国监理工程师执业资格证书》后从事监理或项目管理工作满 2 年的个人，遵守法律法规、拥护协会章程，维护协会及行业声誉，遵守行业公约和职业道德，爱岗敬业，为工程建设提供优质专业服务，自愿入会，可申请加入协会成为个人会员。对监理行业发展做出优异成绩或突出贡献的个人会员，经申请可授予资深会员（具体办法另行制定）。

第三条　中监协负责个人会员的管理，委托

地方或行业监理协会对个人会员提供服务，中监协支付相关服务费用。

第二章 申 请

第四条 个人会员申请程序：

一、申请人填写《中国建设监理协会个人会员入会申请表》(登录中监协网站会员专区获取表格)，由用人单位向企业所在地或行业监理协会提出申请；

二、个人会员申请表由地方或行业监理协会审核推荐，报中监协秘书处复核，常务理事会批准，常务理事会闭会期间由会长批准；

三、接纳为个人会员的，由中监协颁发个人会员证书，并通过中监协文件公告会员名单，同时在中监协网站公布。

第三章 服 务

第五条 中监协向个人会员提供的服务：

一、免费参加网络继续教育、业务学习；

二、优先参加中监协组织的专业研讨和经验交流活动；

三、优惠获得中监协出版的刊物、教材以及有关资料；

四、优先在中监协刊物上发表与促进行业发展相关的文章；

五、开展个人会员之间交流和沟通，提供信息、技术服务和法律援助，优先推荐参加国内外行业交流活动；

六、定期表扬为监理行业发展做出突出贡献的个人会员，并授予“优秀个人会员”等荣誉称号；

七、个人会员需要的其他服务。

第六条 中监协委托地方或行业协会提供的服务：

一、组织推荐个人会员；

二、组织个人会员参加网络继续教育、业务学习；

三、推荐个人会员参加国内外技术交流活动；

四、开展个人会员信用评价。

第四章 管 理

第七条 中监协建立个人会员诚信档案，开展信用评价，依照有关规定将个人会员的职业行为信息记入其信用档案。

第八条 个人会员有关信息和工作单位变更时，应当在变更之日起30日内，将变更的信息网上提交中监协。

第九条 个人会员应当及时交纳会费。对未及时足额交纳会费的，按照中监协章程及有关规定处理。

第十条 个人会员退会可书面提出申请，经中监协审核后予以公告。

第十一条 个人会员有下列情形之一的，其会员资格终止：

一、违反法律法规被相关部门处罚后除名的；

二、申请退会经中监协审核已公告的；

三、违反中监协章程被取消会员资格的。

第十二条 个人会员退会或被取消个人会员资格的2年内不得重新加入中监协。

第十三条 个人会员有下列情形之一的，视情节轻重，由中监协给予通报批评或取消会员资格的处理：

一、有违纪违规问题并经查实的；

二、不履行监理职责被行政处罚的；

三、违反行业自律公约和职业道德，损害行业形象的；

四、受到行政处理或刑事处罚的；

五、不履行会员义务满2年的。

第五章 附 则

第十四条 本办法由中国建设监理协会负责解释。

第十五条 本办法自发布之日起施行。

附件 2

中国建设监理协会个人会员会费标准与缴费办法（试行）

为加强会员管理，维护会员权益，更好地服务会员，保障行业活动有序开展，根据《关于调整社会团体会费政策等有关问题的通知》（民发 [2003]95 号）、《关于规范社会团体收费行为有关问题的通知》（民发 [2007]167 号）和本协会章程规定，制定本办法。

第一条　个人会员应当按照本办法规定的会费标准缴纳会费。

第二条　会费标准：个人会员每年度缴纳 300 元。

第三条　会费缴纳办法

一、缴纳会费时间：每年 1 月 1 日至 6 月 30 日。

二、缴纳方式

（一）网上交费。登录中国建设监理协会网站，进入“会员专区”按系统提示进行交费；

（二）通过银行转账或汇款。

第四条　会员交费可自行办理或单位统一办理。新会员入会当年开始按年度缴纳会费。

第五条　本协会定期对个人会员会费缴纳情况进行检查，对逾期不交会费、或者未足额缴纳会费的会员，给予提示性交费通知，连续两年不缴纳会费，视为自动退会。

第六条　会费用途

一、开展行业发展研究，组织业务交流，提供技术、信息服务；

二、个人会员的业务学习软件制作、教材编写、网络服务；

三、召开会员代表大会、常务理事、理事会等会议；

四、开展行业诚信建设，维护会员合法权益等工作；

五、组织会员交流活动；

六、维持协会秘书处的正常工作开展；

七、其他相关服务。

第七条　会费使用应符合国家有关法律、法规和本协会规定，接受专项审计和检查，并定期向理事会、会员代表大会报告。

第八条　本办法由中国建设监理协会负责解释。

中国建设监理协会　网站

www.caec-china.org.cn

上海迪斯尼明日世界项目监理工作实践与启示

上海建科工程咨询有限公司　禹立建

摘　要： 本文通过对迪斯尼项目建设过程中，中方、外方对工程管理的不同要求的比较，要求监理项目部与设计师、管理公司紧密协作，提出了依据迪斯尼要求的一系列安全综合管理、质量样板管理、进度表式管理的工作方法，确保工程的安全、质量、进度受控。

关键词： 迪斯尼　安全　质量　进度

作为全球第六个迪斯尼乐园的建设方，美国迪斯尼公司在总结前五个迪斯尼项目建设的基础上，形成了自己独特的建设管理模式。它秉承“安全第一、质量第二、进度第三”的宗旨，形成了安全综合管理（SHEILSS）、质量样板管理（迪斯尼技术规格书）、进度表式管理（Excel 表格）等一系列管理制度，而且，外方没有监理制度，那么，如何让外方认可监理的工作，并且把监理与设计、管理公司的工作有机结合，确保工程整体处于受控状态，取得建设方的认可，是监理项目部的首要工作。

本人作为明日世界项目的总监理工程师，有幸参与了明日世界项目的监理工作，针对美国迪斯尼公司的要求，结合国内及上海市地方法规的要求开展监理工作，经过两年多的工作，取得了一些成效，介绍如下。

一、安全综合管理（SHEILSS）

SHEILSS（S-Safety，安全；H-Health，健康；E-Environment，环境；ILS-International Labor Standard，国际劳工标准；S-Security，安保）代表安全、健康、环境、国际劳工标准和安保，具备很强的综合性，目的就是在上海迪斯尼项目建设过程中能合理地调配所包含的所有要素以共同落实。愿景是拥有一个安全、包容及和谐的工作环境：没有人受伤，所有人都能平平安安回家。

监理项目部积极组织相关专业人员进行 SHEILSS 培训，以适应全新的要求，并结合国内有关规定，对施工现场提出安全、环境控制要求。

（一）安全控制要求

SHEILSS 在现场的安全工作主要通过 JSA（安全作业分析）、PTW（作业许可证）、STA（安全任务分配）等手段来确保现场安全生产。

1. JSA（安全作业分析）

这是一种用于辨识相关工作危害的方法。该方法用于风险评估，基于定性而不是定量分析，但从性质上来看，其结果是半定量的。

实施 JSA 的 4 个基本步骤：选择要分析的工作；将工作按步骤顺序分解；找出潜在危害；评估风险确定防范措施。

2. PTW（作业许可证）

控制某些存有潜在危险的工作。现场的 PTW 实际分成两类：通用许可证及特殊作业许可证。通用许可证只有一张，很多日常的工作都适用。特殊作业许可证基本涵盖了所有目前现场可能遇到的特殊危险作业，这些作业都是需要特别予以关注的，除了需要由合格人员担任外，所有参与人员必须经过培训，安全帽上必须配有贴标。

两种类型的作业许可证

通用作业许可	特殊作业许可
高空作业	受限空间进入
钢结构安装	动土作业
化学品使用	临电申请
喷砂	脚手架搭设/拆除
调试	挂牌上锁（LOTO）
其他迪斯尼指定工作	吊装作业
	热工作业
	探伤作业
	压力试验

3. STA（安全任务分配）

指所有的施工主管在给工人分配任务时，应指出在工作中存在的风险，提供足够的安全指导。在某些情况下，STA包括说明如何以安全的方式来完成工作。

• STA是一个交流的工具，它让从事该工作的人员知道有什么危险，知道防护方法和措施，让工人有备而来。

• 安全任务分配（STA）在迪斯尼现场使用，用以替代每天早班会给工人进行的安全技术交底使用。

• 安全工作分配（STA）是一组事故防止程序，它要求所有主管或者作业负责人在分配工作任务时，需要给予员工充分的提醒、警示与指导，使得员工在具体操作时能够更加安全。

• 开始工作前，所负责施工班组在班前会上必须完成STA的填写及签字，明确每个工人的安全注意事项。

• 安全任务分配的各方责任人职责必须识别清晰。

（二）环境控制要求

1. 土壤和地下水保护

延续场地污染治理和场地形成时的源头和码头控制及票签制度，此措施针对土壤、含泥量超过5%的石块、黄沙等材料以及其他可能造成二次污染的材料。现场不允许带入新土壤。

2. 废水排放管理

所有的生活工作区的生活污水必须收集后外运处理，绝对不能够现场排放，其中包括餐厨废水、化粪池污水等。

3. 雨污水管理

必须雨污分流；保护好现场存储的物料包括废弃物以防止被雨淋；建筑外整洁没有垃圾；如有任何泄露，立即处理，防止进入雨水沟；防止任何化学品或农药杀虫剂进入雨水沟

4. 混凝土废物管理

尽量减少混凝土垃圾；混凝土搅拌车驶出现场前必须清洗；正在滴漏的机动车禁止离开现场；禁止混凝土泄露到环境；混凝土清洗容器只能放在园区规定的混凝土清洗处。

5. 化学品管理基本要求

所有化学品需要经审核批准后方能入场；物料数据安全标必须提供，并在现场可以获得；所有化学品必须使用二次承漏设备。

二、质量管理（迪斯尼技术规格书）

迪斯尼公司有自己的技术规格书。为了更好地满足现场控制的需求，监理项目部与其他项目监理合作对中外规范的差异进行了分类整合，并最终形成文字，组织项目部人员学习，对现场进行指导。举例如下：

a. 技术规格书要求高于国内规范要求（图1）

1. 油漆中可溶性金属含量
Soluble Metal Content in Paint

Disney SPEC 条款要求 Requirement of Disney SPEC (DS)	中国规范要求 Requirement of Chinese Code (CC)
包括底漆、着色剂、颜料、染料和基料在内的油漆应不含铅、镉、六价铬或汞（绝对零含量，不包括痕量） Paints (including primer, colorant, pigment, dye and base material) should not contain lead, cadmium,hexavalent chromium or mercury (absolutely zero content and no trace)	4.要求.表1 有害物质限量的要求中规定每千克涂料和腻子中可溶性重金属铅≤90mg，镉≤75mg，铬和汞≤60mg Soluble heavy metal content in 1kg paint and putty: lead ≤90mg, cadmium≤75mg, chromium and mecury≤60mg"
DS：09 90 00 1.06	CC：GB18582-2008

图1　迪斯尼技术规格书要求高于国内规范要求

b. 国内规范要求高于技术规格书要求（图 2）

7. 抹灰后养护时间 Curing time after application	
Disney SPEC 条款要求 Requirement of Disney SPEC (DS)	中国规范要求 Requirement of Chinese Code (CC)
封闭式面板抹灰后湿润养护5天，雕刻图层砂浆抹灰后湿润养护5天 For enclosed panel, 5 days moist curing; for carved surface, 5 days moist curing.	6.3.9除薄层抹灰砂浆外，抹灰砂浆层凝结后应及时保湿养护，养护时间不得少于7d。 Moist curing should be carried out timely after plaster mortar conceals (except for thin mortar layer) and curing time should not less than 7d
DS：09 24 25 3.04	CC：JGJ/T223-2010

图2 迪斯尼技术规格书要求低于国内规范要求

监理项目部根据项目单体繁杂、专业多、材料种类多样等难点特点，立足现场，从实际出发，针对性地制定了一系列具有迪斯尼特色的管理手段，保证工程质量，主要包括：

1. 样板领路

针对各个单体的重大节点以及新型材料等，要求施工单位在施工前设定样板，并通过设计、管理公司、监理的联合验收后才允许运用到工程中，同时在实体质量验收过程中，必须达到与样板相同的标准要求，设计、管理公司、监理三方认可方能进入下道工序的作业。

2. 现场实时巡检

为满足业主对现场过程控制的高要求，监理项目部建立了以专业为基础，下派至各个区域的合理的管理组织架构，对现场进行全方位、全时段的监控。

现场共分三大区域，各专业由组长进行全面协调管控，并设立区域负责人与区域小组成员，分时段对现场进行轮流巡视检查，保证现场驻人，责任到人。做到只要现场有工人能施工，就有管理公司人员、监理工程师在现场巡视检查，确保全天候监控。

3. 自检先行，联合验收

为了充分调动监理、管理公司、设计管理部门的能动性与专业技术力量，满足业主对质量的高要求，确保验收无盲点，经三部门协商，一起制定了“自检先行，联合验收”的策略。先由施工单位完成验收项目的自检，将自检报告交至监理部，由监理部专业监理工程师对相关区域进行确认后并签字确认，然后邀请三方进行联合验收。针对各个节点由三方分别给出验收意见，对有争议的地方进行讨论汇总后交由总包单位，并要求其限期整改。

此方法不仅提高了工程质量，而且加强了三方的沟通交流，现已形成一种良性循环。

三、进度管理

在迪斯尼高要求、高标准的管理模式下，为应对现场的进度需要，监理项目部根据外资企业进度管控措施，制定了具有迪斯尼特色的进度控制计划。

每日早晨，监理项目部专职进度监理都会陪同管理公司相关领导对现场进度情况进行跟踪了解，并为了更好地让业主及时了解明日世界项目的实际进度情况，项目部每周都会向项目主管和业主提交综合周报，涵盖安全、质量、进度各方面，为施工决策提供充足的信息。

进度周报区别于以往采用横道图进行数据分析的模式，我们用柱状图进行进度对比，Excel 图表可以更加直观，更加明显地对比相应的计划与实际效果，从而发现影响进度的因素，继而有针对性地提出解决方案。

下面以桩基阶段的进度分析为例，简单地作相应介绍：

如图 3 所示，利用柱状图我们可以将现场每个区域的桩施工数进行直观分析统计，一目了然地看出各个区域开工及节点的情况以及工程量具体的分布情况，从而可以得出在某个时段作业面的展开状态。

与此同时，将各个区域现场的突发情况及监理暂停令签发数据作一个汇总，能够大致分析出影响桩基阶段进度的滞后原因，再与工期要求对比，即可得出现场是否采取了相应措施用以弥补滞后的工期，具体如图 4 所示。

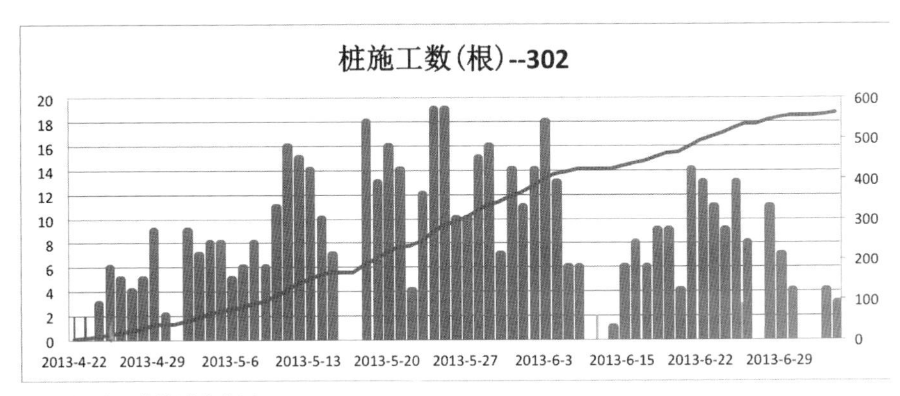

图3 桩施工数统计柱状图

进度滞后原因	桩机故障	职工体检	爆桩	雨天	管桩供应不上	暂停令
影响天数	3	1	3	1	2	5
影响率	20%	7%	20%	7%	13%	33%

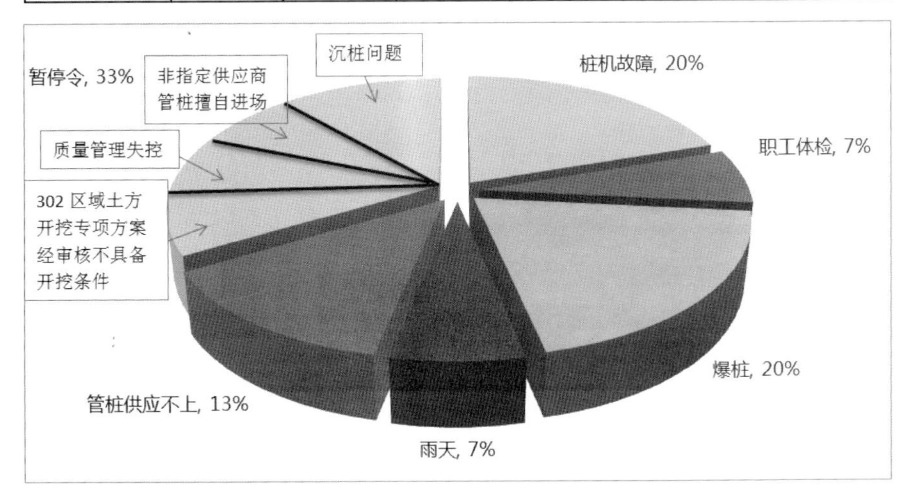

工期要求

根据合同约定，桩基部分计划开工日期为2013年3月20日到5月25日完工，实际2013年4月22日开工至7月7日完工，历时76天。

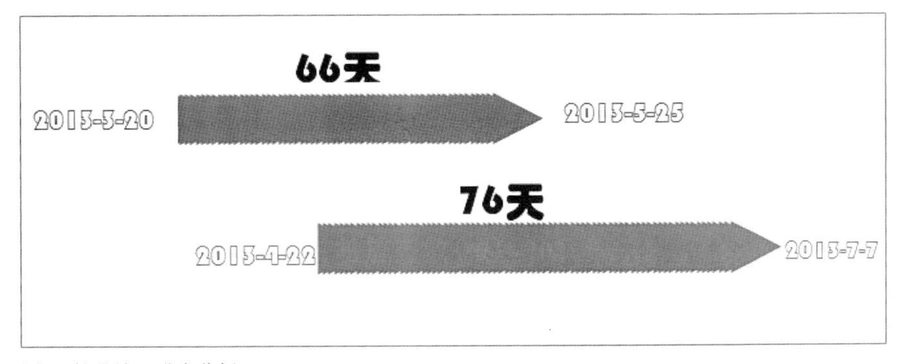

图4 桩基施工进度分析

从图中可以得出，进度由于几方面的影响滞后了15天，但从工期的表中可以看出整体进度滞后仅10天，其中5天进度的加快提高是由于监理方多次与管理方和施工方沟通，针对现场可预见性能够避免的进度影响情况加以注意控制，并协商供应单位保证PHC管桩的及时供应，另一方面则加大现场的质量管理，避免爆桩情况多发，保障桩机尽快全面铺开现场。

通过这样的Excel统计图，不仅视觉上一清二楚，统计结果也能够很清晰地呈现出来。

四、结论

作为中国大陆第一家迪斯尼乐园，美国迪斯尼公司在安全、质量、进度管理方面有着自己的管理方式，而且在以往的迪斯尼乐园建设中取得了成功。它强调设计师的主导作用，要求总包单位能承担深化设计的工作，管理公司和监理单位的人员必须全天候进行现场巡视检查，对发现的问题要及时出具整改通知单，确保工程的安全、质量、进度。

经过两年多的实践，明日世界项目监理部从最初的不适应、被动工作，到现在主动与设计师沟通，积极配合管理公司，加强对现场的安全、质量、进度监控，根据迪斯尼的要求提供相应的安全、质量、进度控制表式，满足迪斯尼方面的要求，取得了比较好的效果。

参考文献：

迪斯尼技术规格书 . 2014

持续抓好监理行业诚信评价体系建设 推进监理行业整体素质提高

天津市建设监理协会　周崇浩

天津市建设监理协会2005年率先在行业内开展《监理行业诚信评价体系》的课题研究并批准列入建设部2006年度软件科学研究的计划项目，经过立项研究到成功应用，目前以每两年作为企业、人员诚信评价的一个周期，现已开展完成了四届监理企业的诚信评价和五届监理人员的诚信评价工作。回顾天津市开展《监理行业诚信评价体系》从立项研究、成果应用到持续推进，有以下几点做法与体会和大家分享。

一、开拓监理行业诚信评价体系建立，创新研究成果

监理行业诚信评价体系的建立是一项创新体系的研究，因此在如何建立符合行业诚信评价体系的研究方面，我们坚持研究工作一定要具有创新的理念，从诚信评价体系建立的提出、诚信评价指标体系的设立和诚信评价的评价模式三个方面，分析研究，开拓思路，大胆创新。

（一）诚信评价体系建立的提出

2005年建设部按照党中央、国务院提出的发扬诚信和健全社会信用体系作为重大战略决策的方针，印发了《关于加速推进建筑市场信用体系建设工作的意见》，工程建设监理行业伴随着社会与建筑市场诚信意识的逐步增强，从而使监理行业的诚信开始呈现出“倡导诚信，构建和谐，谋求发展”的良好局面。

在新的形势下，建设监理行业同社会与市场一样，对企业诚信的缺失与透支给社会造成的负面影响、对少数监理人员缺乏责任心和职业道德修养等问题、对监理企业和个人诚信度的评价、对加强诚信的管理都有了新的认识、为了使监理行业诚信持续、健康地发展，建立诚信评价体系，用科学的评价方法、明确的评价内容、规范的等级标准来准确反映监理企业或人员诚信状况，通过强化诚信管理使监理企业、监理人员行为达到规范化、科学化、标准化，从而推动建设监理行业的进步与发展。

因此，提出建立诚信评价体系，不仅是在社会主义市场经济条件下，监理行业健康发展的需要，也是进一步强化监理企业和监理人员的诚信行为管理、提高建设监理管理水平的需要。

（二）诚信评价指标体系的设立

监理行业诚信评价指标体系的设立本着客观、公正、独立、科学的原则，采用宏观与微观、动态与静态、定量与定性、历史与未来相结合的科学方法，设立了监理企业、监理人员诚信评价的指标体系和方法。

1. 监理企业诚信评价指标的设定

在对监理企业诚信评价指标的设定中，全面、系统、动态地反映企业综合的能力。通过要素指标的考核，判断企业能否积极主动履行自己的承诺，保持良好的诚信记录；分析企业行为和条件，视其是否具备保持良好信用水平的能力，并结合天津市以往评选名牌监理企业活动的成功经验。设定监理企业诚信评价考核的主要指标是：基本要素、管理要素、经济要素、环境要素四个方面。

1）基本要素

①企业性质

符合国家《公司法》规定；是具备自有资金、自负盈亏、独立核算能力的经营实体，已进行经济体制改革后的企业，经营形势是否有了明显的改观，效益有否增长，企业是否得到了发展。

②企业发展历史

企业应经由国家工商部门注册，具有正式营业执照和市场准入的企业资质，公司自成立至今整体是否呈现向上发展的态势。

③经营范围

企业在批准的资质等级范围内，依法开展经营活动，除了搞好主业经营之外，积极、主动地创造条件拓展经营范围。

④经营者情况

企业要有一个能通晓和掌握工程建设法律、法规，懂经营、会管理、有创新意识、开拓精神的领导班子。企业法人和技术负责人应具有多年从事监理或

建设工作的经历，技术负责人还应当取得国家监理工程师注册证书。此外，考核还须了解历任领导者是否有过除因工作需要、退休等之外的非正常离职情况。

⑤员工队伍状况

企业要拥有一支思想觉悟高、技术素质强、专业结构配备齐全、技术职称比例合理的员工团队，还应强调考核监理人员的持证率。

2）管理要素

①经营方针与原则

企业制订了完整的经营方针理念和正确的经营原则，并能不断地改善、调整经营结构，以适应市场变化的需求。

企业树立了明确的经营自律意识，对当前市场中违规经营活动，有自觉的抵制能力。

企业的管理者（股东）和职工对公司的经营方针表示赞同，他们在不同的岗位上，能结合自身的工作，体现对公司经营方针的支持。

②内部组织与管理

企业组织机构设置比较合理，部门分工职责明确。制订、规范管理人员任职条件和岗位责任制，运行有序。

建立了一整套科学的、切实可行的管理制度或工作标准，并能有效运行。采用现代化管理方法和手段，管理程序规范。

③人力资源管理

企业能够认真贯彻执行国家劳动政策法规。对受雇员工均已签订了劳务合同，及时足额发放员工工资、福利津贴，按时缴纳各类法定保险费用。

企业是否制订出系统的员工职业素质培训计划。涉及面广、敢于投入、善于组织、实施认真并促使员工整体素质不断得到提升。

④企业文化建设

重视企业文化建设，建立相关的管理规程包括注册公司徽标、编辑内部通讯刊物、统一着装等。拓展上下管理层面的沟通渠道，组织各种类型的员工联谊活动，并能保持活动的经常性。

⑤资产条件

企业拥有一定规模的固定办公场所，应满足监理业务基本需要。已配置有足够数量的办公、试验、检测设备，并能按国家相关规定，进行分期标定，标识清晰。必要的资产实施信息化管理且有成效。

⑥服务水平

监理企业的服务水平主要体现在基层项目监理机构，考核企业诚信程度，应对一定数量的项目监理机构抽检，考核内容主要有以下几个方面：

根据 ISO 9000 国际质量标准贯标认证要求，各工程项目监理机构均应建立完整的质量保证体系和行之有效的运行机制。

按照监理合同的委托要求范围，遵循《工程建设监理规范》和相关规定，对工程项目实施“三控、二管、一协调”为核心内容的监理工作。受监工程的合格率应达到 100%。

按照《工程建设监理规范》、《建设工程文件归档整理规范》和相关规定，企业应设有档案库并进行严格的档案管理。

遵循国家相关法律、法规、条例的要求，恪守“守法、诚信、公正、科学”的监理工作原则，依法执业，考核期内并无违规不良记录或顾客投诉现象发生。

在考核期内，受监工程凡获得省、市级优质奖励的，或发生过重大质量、安全事故的，都应是企业诚信服务必要的考核信息记录。

3）经济要素

①注册资金

企业注册资本金额达到或超过《工程监理企业资质管理规定》的要求，其资金组成比例符合《公司法》有关规定。近年内，为增强自身经营实力，企业是否增资以及资金增加来源渠道的合法性。

②财务状况

监理企业的生产成本较为单纯，在社会上金融信用度比较容易得到保证。对监理企业财务主要考核的内容是：

企业会计制度健全，遵循国家财会管理法规执行认真，并与信用可靠的银行建立信贷关系，其存、贷以及债权、债务比例合理。有足够的企业日常业务开支的资金容量。资金回收能力达到本年度监理费合同额的 75%以上，利润逐年增长，资产所有者权益得到保护。

按时交纳税金。在考核期内，从未受到过任何税务、财会方面的行政处罚或存在不良记录。

③担保与抵押

企业所负责对外承担担保的金额占资本金额度 30%以下，并无产生超量的不良抵押情况。

④工程监理责任保险

经常分析与预测所承接的监理工程的风险情况，制定规避风险措施，实施工程监理责任保险。

4）环境要素

①同业地位

企业已加入监理行业协会，积极支持、参加行业开展组织的各项工作和活动，自觉遵守行业规则。企业年度人均监理工程面积和人均营业额（产值）达到或超过当地行业平均水平。在行业范围内和社会上获有良好声誉。

②竞争能力

在资质允许范围内，经营地域布局合理，适度占有一定的市场份额。并能不断探索新的经济增长点，逐年扩大经营规模。企业能够做到人才优势突出、骨干队伍稳定，始终保持旺盛的核心竞争力。经常开展市场调研，掌握大量信息源，居安思危，创新务实，不断查找差距，谋求新发展。

2. 监理人员诚信评价指标的设定

在对监理人员诚信评价指标的设定中，根据以守法、守信、守德和综合能力为基础进行综合评价的原则，充分考虑监理人员诚信评价的特点，通过监理人员基本诚信要素指标的考核，评价监理人员能否积极主动履行自己的承诺，分析监理人员的行为和条件是否可以保持良好的诚信声誉。监理人员诚信评价考核主要标准内容包括基本诚信要素、对监理单位的诚信要素、对建设单位的诚信要素和对社会的诚信要素四个方面16个评价项目的。

1）基本诚信要素主要内容

监理人员的基本诚信要素有7个细化评价项目：可通过网络信息和相关资料对申请评价的监理人员应取得相应的岗位资格证书，受聘并注册于一个具有工程监理资质的企业；参加继续教育的方式符合规定，学习内容满足要求，学习记录获得行业协会认可；积极参加所属行业协会的活动，为所属行业协会的工作作出贡献。

主要信息来源为建设行政主管部门建立的信用信息系统和行业协会建立的人员数据库。

2）对监理企业的诚信要素主要内容：

监理人员对监理企业的诚信要素共有7个细化评价项目。申请评价的监理人员与监理企业是否签订了有效劳动合同或劳动协议，并履行劳动合约中劳动者应当承担的义务。严格执行监理人员自律守则，遵守监理企业各项规章制度。参加岗位技能培训活动，接受多方位培训，提高业务素质和执业水平。关心企业文化建设，有良好的人际关系，踊跃参加集体文化活动，遵守企业挂牌着装上岗制度。评价出监理人员在企业内部的守约、守德水平。监理单位应形成真实、完整的资料作为对监理人员本要素的诚信行为评价依据。

3）对建设单位的诚信要素主要内容

对建设单位的诚信要素是监理人员诚信评价工作的重点。监理人员执业于工程监理项目，具有全面执行监理合同的履约责任，是监理企业面对社会履行市场责任的主体。细化的评价项目有5个，其中“监理工作履行职责”一项，在评价分值中设定占所有评价项目60 %的比重。监理服务外部设有2个细化评价项目，重点评价的是监理人员在市场活动中通过建设单位、承包单位对监理执业行为的反映来体现监理人员工作作风的守信、守德状态和综合能力水平。

4）对社会的诚信要素主要内容

对社会的诚信要素共有4个评价项目，主要对申请评价的监理人员依法纳税、金融守信、社会公德及其他对社会方面诚信的社会行为和应当具备的道德水准进行评价。

（三）诚信评价体系的评价模式

监理行业诚信评价体系的评价模式是运用先进的评价方法，本着客观、公正、独立、科学的原则设定评价指标体系，采用宏观与微观、动态与静态、定量与定性、历史与未来相结合的科学方法并首次在国内提出个人诚信评价与企业诚信评价相结合的评价方法，研发实现了采用计算机评价系统，对诚信评价实施动态管理，集网上申报、网上受理、网上项目分类和专家项目分配、专家网上评价、评价结果实时在线汇总和系统相关的管理办法等功能于一体，减少人工计算的差错，杜绝人为干扰因素，提高了诚信评价的客观性、公正性以及工作效率。

监理企业、监理人员诚信评价的考核，是以行业协会组织专家考核为主、企业自查自评为辅的评价模式。企业的自查、自评是对企业诚信程度的考核，专家考核是广泛汇集社会信息和企业统计数据具有权威性的核查。

诚信评价管理机构负责组织技术、经济相关部门的专家，组成考评核查组及评审委员会。并对考评核查组提出的初审报告，报请评审委员会最终审定监理企业或监理人员的诚信等级。

企业诚信等级定为四级，即AAA（优秀）、AA（优良）、A（良好）、B（合格），按各类指标权重经合成计算出分值，得分大于等于90分为AAA级，80~89分为AA级，70~79分为A级，60~69分为B级。

人员诚信等级定为三级，即☆☆☆、☆☆和☆，采用评分方法实施，得分大于等于90分评为☆☆☆级，80~89分评为☆☆级，70~79分评为☆级。评定监理企业或监理人员诚信等级是按照计算出的分值最终审定。

行业协会对诚信评价资料建立数据库长期保存，要维护企业的合法权利，保障企业的商业秘密，并为企业诚信建设做好咨询服务。

诚信评价工作设立公示制度，是为进一步提高诚信评价工作的公正性与透明度，也体现出诚信评价工作本身的诚信水平。

二、持续监理行业诚信评价体系建设推进新常态

监理行业诚信评价体系建设是行业发展的重要组成部分，为了进一步持续抓好监理行业诚信评价体系建设，促进诚信

评价成果始终保持新常态，制定措施要得力，切入点把握要准确。我们的工作重点主要体现在“三项抓好”上有所成效。

（一）抓好评价体系成果的试评是夯实评价体系成果的基础

一个新的评价体系应用必须要通过实践来考核。为了使监理行业诚信评价体系能够得到监理企业和监理人员应用的认可，我们首先把抓好评价体系的“试评”作为工作重点，从行业内选择6个不同专业类的监理企业进行组织。发动集中培训、专家指导对企业诚信评价、人员诚信评价四大要素分解细化、逐项试评，通过试评使我们查找到评价指标的权重比例，企业财务指标的采纳以及企业对财务数据信息的保密性要求，针对不尽合理的问题和指标进行调整完善。特别是为了消除企业对财务数据信息保密性的疑虑，设定由行业协会聘请第三方（会计事务所）对企业财务进行审核评价的方式，经过多次的完善和调整实现了夯实评价体系成果的基础，使建设部软件科学研究项目的验收顺利通过。

（二）抓好评价体系成果的推进是行业“双评”工作质量提高的保证

为了保证诚信评价工作的成果模式得到不断推进，我们以参加诚信评价的企业以及个人最终的评价结果，作为评选全国先进企业和全国以及天津市监理行业优秀监理工程师评优的指标和条件。

在开展评选全国先进企业工作中，采取按照企业参加诚信评价的指标得分排名先后进行推荐的模式，改变了过去评选先进企业靠行业领导开会研究协商或轮流坐庄的评选方式。使被推选的企业既能够得到行业内企业的认可又能体现出在行业内评优工作的公平性和公正性。

在评选全国、本市优秀监理工程师活动中，把个人诚信评价获得三星级以上作为参评候选人的必要条件，有力地推动了个人诚信评价工作的持续开展，同时也促进了参评人员诚信意识的提高。因此我们评选出的优秀人员，监理工程师不仅是企业三星级诚信人员中的优秀而且还得到了行业和社会各界的认同。我们在开展行业“双评”工作中坚持采取了这两项措施，提高了天津市监理行业开展双优评选的工作质量，还有力地保证了诚信评价工作的成果的持续推进。

（三）抓好诚信评价体系建设的持续是提高行业整体素质的重要途径

抓好监理行业诚信评价体系的建设是关系到行业整体素质提高和行业发展的重点任务。但是面对当前建筑业的市场环境和行政部门对监理行业的诚信建设在政策与具体措施上的关注度和支持力度还不太明显的现状，如何抓好监理行业诚信评价体系的建设，使这项工作更具有延续性和生命力？我们的体会是监理行业的诚信评价工作，只有靠抓好监理行业诚信评价工作持续的坚定信心，不断地完善诚信评价的方法和指标，使之更加适合监理企业、监理人员的管理工作要求，才能够实现行业发展和行业整体素质提高。

回顾近年来，我们坚持把握住诚信评价工作的持续推进，使天津市监理行业整体素质有了比较明显的提高，主要体现在：

1.AAA级诚信监理企业评价比率不断增长

天津市监理企业诚信评价的开展是由企业自愿申报，从2007年至今参评监理企业和获得AAA级监理企业占参评企业总数的比例每届平均以12.7%的趋势增长，特别是在2014年第四届评选中，外地进津监理企业首次提出参评，这充分说明监理企业诚信评价的评选，已经初步成为了企业提高诚信经营和管理的自觉行为和愿望。企业通过参评不仅能够查找到自身的不足，还能够通过派出专家学习其他企业的管理，有力地促进企业管理的提高。

2.三星级诚信监理人员评价质量明显提高

监理人员的诚信评价是一项创新的评价工作，为了使监理人员诚信评价更具有公信力，我们注重在每届评价中敢于创新、不断总结完善指标体系，使监理人员诚信评价形成了一套较为完整的评价模式。从历届评价数据分析：参评人员的规模一直保持在60%的执业人员自愿申报。对企业初评的核查通过率始终保持在99%以上。获得三星级的人员诚信评价分值每届都有明显的提升，有力地促进了监理人员整体素质的提高。

3.监理企业信息化管理水平稳步提升

由于监理行业诚信评价设立的评价模式，改变了以手工获取分析评价信息、效率低、易出错的传统评价方法，完全采用网络评价信息系统保证了评价信息的快速采集分析和处理，有效地提高了评价信息的安全性、公正性。我们在推行行业诚信评价工作中，坚持诚信评价全部纳入信息化系统管理的要求，强化对监理企业和监理人员信息化管理软件应用培训和监理企业、人员信息库的建立。通过近几年监理行业诚信评价的开展，不仅提高了监理人员网络信息管理工作能力，而且还有效地促进了企业信息化管理工作水平稳步的提升。

我们将更加努力学习先进经验，持续抓好监理行业的诚信评价体系建设，为行业的发展作出贡献！

工程监理向工程项目管理回归发展

上海市建设工程监理咨询有限公司　龚花强　李魏

自1988年我国引入监理制度以来，监理在建筑市场对保证工程质量、安全及投资效益等方面起到了不可或缺的作用。审视监理制度近三十年的发展历程，可发现监理企业担负的责任越来越重，但人才流失越来越严重，监理服务费越来越低，监理执业范围越来越窄。步履艰难之际，重新审视监理行业自身的发展历程，可能会更有感触。工程监理制度提出的初衷是将国外项目管理制度引入国内，对建设项目实施“三控两管一协调”，而如今监理只是施工阶段的质量与安全管理，且承担了作为监理本身难以承受诸多法律责任。另一方面，项目管理又在被大力提倡，绝大部分监理企业又在通过发展从事项目管理业务。2001年颁布了《建设工程项目管理规范》。在此，通过分析工程监理和工程项目管理在我国的发展历程与对两版《建设工程监理规范》及两版《建设工程项目管理规范》的比较，探讨工程监理回归项目管理的可行性，以促进建设监理的健康发展。

一、工程监理发展历程

20世纪80年代，根据当时国内建筑业现状和因改革开放国外对我国建筑业实行项目管理的要求，我国将国外的项目管理制度引入国内，结合国内现状以及与国外加以区分，将引入的项目管理制度命名为监理制度。中国监理制度成为当时“四大制度”之一。鲁布革水电站，是我国引入监理制度以来，第一个拥有监理单位参建的工程项目。由于监理的参建，该项目在缩短建设工期，减少结算费用等方面取得显著效果。须指出，此时的工程监理不仅仅是“施工监理”，而是全过程的项目管理。

我国在2000年颁布了第一个工程项目管理性的规范《建设工程监理规范》GB 50319-2000，在该规范前言部分指出：所谓建设工程监理，是指具有相应资质的监理单位受工程项目建设单位的委托，依据建设工程建设的法律、法规，经建设主管部门批准的工程项目建设文件，建设工程委托监理合同及其他建设工程合同，对工程建设实施的专业化监督管理。实行建设工程监理制，目的在于提高工程建设的投资效益和社会效益。主要工作有：协助建设单位进行工程项目可行性研究，优选设计方案、设计单位和施工单位，审查设计文件，控制工程质量、造价和工期，监督、管理建设工程合同的履行，以及协调建设单位与工程建设有关各方的工作关系等。由此可见，当时建设监理的工作内容涵盖了建设工程项目管理的全过程。

2013年，重新颁布了经修订以后的《建设工程监理规范》GB/T 50319-2013，在此规范中，虽然对监理人员的资格要求、监理工作的流程及方法等内容作了调整和完善，使之更有可操作性，但是监理的范围较2000年的《建设工程监理规范》有所缩小，明确了监理工作范围主要是在施工阶段。

二、工程项目管理的发展历程

2001年，原建设部颁布的《建设工程项目管理规范》GB/T 50326-2001明确指出：本规范是规范建设工程施工项

目管理行为，明确企业各层次与人员的职责和相关工作关系，考核评价项目经理和项目经理部的基本依据。

2003年，原建设部建市[2003]30号文《关于培育发展工程总承包和工程项目管理企业的指导意见》明文指出：鼓励具有工程勘察、设计或施工总承包资质的企业，通过改造和重组，建立与工程总承包业务相适应的组织机构、项目管理体系，充实项目管理专业人员，提高融资能力，开展工程总承包业务。同时，鼓励具有勘察、设计、施工、监理资质的企业，通过建立与工程项目管理业务相适应的组织机构、项目管理体系，充实项目管理专业人员，开展工程项目管理业务。这是在我国工程建设领域里，首次提出工程总承包企业和工程项目管理企业应建立相应的项目管理体系的要求。

2006年，原建设部组织重新修订《建设工程项目管理规范》GB/T 50326-2006。总体来看，2006年版规范较2001年版规范扩大了项目管理的应用范围和工作内容。由2001版针对施工单位的项目管理扩大为适应各个项目参建方的项目管理，由仅仅适用在施工阶段的项目管理扩大为建设工程项目全过程的项目管理。两版新旧规范进行对比，项目管理涉及的工作内容也有所增加。因此，这样的扩大，不但完善了工程项目管理的职能，同时也给工程项目管理提供了更大的生存空间。

三、工程监理与工程项目管理对比分析

由上述监理的发展历程可知，最初的监理和项目管理涉及“三控两管一协调”等核心工作。从现如今监理企业

建设工程监理与建设工程项目管理对比分析表

	工程监理 GB 50319-2000	工程监理 GB/T 50319-20013	工程项目管理 GB 50326-2001	工程项目管理 GB/T 50326-2006
设立时间	1988年	1988年	2001年	2001年
针对对象	为业主提供关于建设工程项目全过程、全方位的咨询服务	受业主委托监督施工单位、设备制造单位	施工单位的项目管理	参建单位各方的项目管理
涉及阶段	可以是全过程的，也可以是勘察、设计、施工、设备制造等的某个阶段	主要是施工阶段	从投标开始的施工阶段	可以是全过程
法律责任	有	有	无	无
主要职能	项目监理机构及其设施、监理规划及监理实施细则、施工阶段的监理工作、施工合同管理的其他工作、施工阶段监理资料的管理、设备采购监理与设备监造等内容	项目监理机构及其设施，监理规划及监理实施细则，工程质量、造价、进度控制及安全生产管理的监理工作，工程变更、索赔及施工合同争议的处理，监理文件资料管理，设备采购与设备监造，相关服务等	编制“项目管理规划大纲”和“项目管理实施规划”，项目进度控制，项目质量控制，项目安全控制，项目成本控制，项目人力管理，项目材料管理，项目机械设备管理，项目技术管理，项目资金管理，项目合同管理，项目信息管理，项目现场管理，项目组织协调，项目竣工验收，项目考核评价，项目访问保修	项目范围管理、项目管理规划、项目管理组织、项目经理责任制、项目合同管理、项目采购管理、项目进度管理、项目质量管理、项目职业健康安全管理、项目环境管理、项目成本管理、项目资源管理、项目信息管理、项目风险管理、项目沟通管理、项目收尾管理
设立目的	目的是适应改革开放形势的要求，适应国际金融机构的贷款要求，满足提高工程建设和管理水平的需要，满足进入国际建筑市场的需要	目的是适应改革开放形势的要求，适应国际金融机构的贷款要求，满足提高工程建设和管理水平的需要，满足进入国际建筑市场的需要	为了提高建设工程施工项目管理水平，促进施工项目管理的科学化,规范化和法制化，适应市场经济发展的需要，与国际惯例接轨，规范建设工程施工项目管理行为，明确企业各层次与人员的职责和相关工作关系，考核评价项目经理和项目经理部的基本依据	为了提高建设工程施工项目管理水平，促进施工项目管理的科学化、规范化和法制化，适应市场经济发展的需要，与国际惯例接轨，规范建设工程施工项目管理行为，明确企业各层次与人员的职责和相关工作关系，考核评价项目经理和项目经理部的基本依据

发展来看，多数监埋企业在经营监理业务的同时也开展了项目管理业务的经营。因而，将《建设工程监理规范》GB 50319-2000、《建设工程监理规范》GB/T 50319-2013、与《建设工程项目管理规范》GB 50326-2001、《建设工程项目管理规范》GB/T 50326-2006从设立时间、针对对象、涉及阶段、主要职能、设立目的以及法律责任等维度进行对比分析，如（附表一建设工程监理与建设工程项目管理对比分析表）所示。

由附表分析可知：

1. 工程监理的设立早于工程项目管理。

2. 建设监理制度建立的初衷是代表业主方对工程建设进行全过程的管理，工程项目管理建立的初衷是针对施工阶段的项目管理，到2006年工程项目管理才定位为全过程的项目管理。由此可见，监理单位此种情况下可以回归项目管理发展。

3. 主要职能方面，监理和项目管理都涉及“三控两管一协调”以及对安全生产的管理。

4. 设立目的，都是为了节约投资和提高社会效益的目的。

5. 监理涉及阶段逐渐缩小，而工程项目管理涉及阶段逐渐扩大。

6. 监理和项目管理都有与国际接轨，提高、完善和规范我国建设工程市场和管理水平的初衷。

7. 法律责任方面，建设监理除了因承担违约责任以外还要承担因工程质量或安全生产出了问题需要承担的相应法律责任，而工程项目管理只需承担违约责任。

四、建议及结语

1. 政策方面

呼吁政府部门加大对监理行业的扶植力度，规范监理市场的规范化、合理化、科学化。

2. 市场方面

监理公司应扩大市场参与范围，突破“施工监理”的局限，向“施工监理”两头延伸。

3. 法律方面

以“权责相等”为原则，加大监理法律责任的同时，积极给予监理法律权利。

综上所述，无论是从当初引进监理制的初衷看，还是项目管理专家的意见直到国家建设行政最高主管部门的指导意见，都认为监理企业就是工程项目管理企业。而实际上，监理企业也确实正是为工程项目管理而设，因为监理企业的目标收益从本质上代表着项目业主的利益，其拥有的知识密集型资源也为工程项目的全方位管理提供保障，这些都为监理向工程项目管理的回归奠定了扎实的基础。工程监理企业要坚定信心，抓住机遇，在原有施工监理的基础上顺势而为，向两头延伸，逐步由施工监理过渡到全过程全方位监理，从而实现真正意义上的项目管理。

某汽车集团西部工厂油漆车间设备项目总承包施工的安全管理

中汽智达（洛阳）建设监理有限公司　王晔志

一、工程概况和风险辨识

某汽车集团西部工厂油漆车间，位于新疆乌鲁木齐经济技术开发区。它是我公司和该汽车集团合作的第一个涂装车间设计施工总承包项目，公司领导高度重视，现场施工安全管理（包括文明施工等）不能有半点差错。某汽车集团是国际著名企业，该集团 HSE 管理规范、标准、严格，而且，它们把油漆车间设备安装安全列为目标管理的重点，对我们现场安全管理组织实施形成很大压力。

油漆车间设备安装施工，是汽车工厂最复杂、最危险的安装工程。它高危险作业多，涉及登高作业、明火作业、危险化学品作业、燃气作业、起重作业、受限空间交叉施工等。登高作业有四分之一在 8m 以上，还有一些在 15m 以上；明火作业有五分之一在 7m 以上，有的超过 10m，要三层防护；危险化学品不但有氧气乙炔使用和存放、油漆涂刷作业，还有玻璃钢防腐作业、油漆稀料硝酸清洗作业和储存防护等等。

临边和洞口多，屋面、楼地面工艺洞口 1000×1000 以上的有 100 多个，前处理、文丘里、工艺设备平台等都是临边环境，还有燃气燃烧、高温烘干环境。

作业面积大，施工期长，施工人员多，它有 3 万多平方米 3 层厂房，有十多个供应商 300 多人交叉作业，施工期达 300 多天。

技术复杂，不但涉及机械电气安全和建筑工程施工安全技术，还涉及防火防爆安全技术、危险化学品安全技术、特种设备安全技术等。油漆车间调漆间、喷漆间等都是爆炸性气体环境，不但要进行施工安全管理，还要进行设备防爆安全管理。

二、安全管理实践和体会

回顾总结该项目的安全管理工作，有五点深刻感受。

1. 保证有健全的安全保证体系

我们始终要求分包商项目经理、安全员和电工，必须在岗在位，为项目 HSE 各项工作落实提供组织保证。很多分包商在施工过程中，因为人员配备比较紧张，安全员很容易变成兼职甚至是挂名的。为了防止此类问题发生，就对此明确要求，在施工期间严格落实，对于安全员不到位的，予以批评考核，直至停工。从组织上保证施工期间的各种安全问题、文明施工问题、安全保卫管理问题，有人负责，落实到底。

2. 主动控制，严格管理，保证项目施工安全顺利，是安全管理工作的目标和标准

首先是项目启动前，认真策划，从施工各阶段的安全技术方案，到安全教育、消防和应急演练再到现场塑形，不但要做一个安全工程，还要唱响“中汽工程”，做样板工程。其次是主导控制分包单位的安全管理。一是抓住分包商项目经理和安全员；二是用会议和文件指导安全管理。每天早会先讲评安全；对分包商重要施工，进行方案安全把关；对危险、重大作业，编制安全管理方案；对危险、重大作业现场监护。三是把对工人安全培训教育，当作保证项目安全的基础来落实。提高作业者安全素质，是保证安全的根本。在该油漆车间项目，进场施工的每一个工人，都有项目部的安全教育记录；每天施工前，都要召开班前会，对工人进行安全技术交

底。四是突出重点控制。对8m以上高空（坑口）作业、对危险化学品作业等，审批作业方案，现场把控作业防护。前处理平台、文丘里钢结构施工，消防、电气、风管安装都要4层以上脚手架，要求施工单位必须搭双排架子加斜支撑，不达标不允许施工。防腐施工、钢结构油漆、化学品清洗等，重点控火，实行施工审批、区域禁火、日夜巡检，发现违规严厉处理。最后，强烈的安全“红线意识”，是项目顺利成功的基础和保证。项目经理多次为安全经理站台：“项目安全一票否决”，项目工程师要管各自分包商施工安全，在突出进度安全受到压力时，以安全为本。项目经理的全力支持，使项目形成人人重视安全的管理氛围，开展安全管理工作，有权威，有力度。

3. 安全管理制度化，形成“安全第一、我能安全”的施工氛围

从项目开工伊始到第一台车下线，项目安全管理，始终制度化运行，严格管理。

1）会议制度

主要有：①每周五各分包项目经理和安全员召开安全例会，用PPT投影，通报各分包安全文明施工情况、一周施工违章（照片）记录、进行HSE评比等，共召开周例会41次。该厂安全保障科领导经常参加我们例会，赞扬我们安全会议开得水平高有干货.②每日项目部召开所有分包商和项目部成员参加早会，首先通报安全管理情况，总计约有300次.③各分包商每天早上召开施工HSE交底会，每日施工之前，必须让工人集合，进行安全交底，高呼口号“安全第一、我要安全、我能安全”以振奋精神，洛阳昌兴机电公司、洛阳翰兴机电公司、江苏同和涂装设备公司等，每日交底制度执行较好。

2）培训制度

教育是安全的基础。现在的安装工人都是农民工，安全意识差，缺乏规范施工和安全防护知识，必须花工夫对他们进行培训教育。在项目实施过程中，我们做到了：所有工人进场都要有“三级教育卡”；所有进场工人（探亲或春节后算新进场），项目部要对每个人进行进场安全培训。共组织53场，培训1174人次。我们始终提倡和一直检查的分包商每日班前交底会，也是项目培训制度的一部分。我们存有500多幅分包商每日早会的照片、2000份分包商每日施工HSE风险交底记录。

3）特殊作业审批制度

前期有动火审批、登高审批、吊装审批、临时用电审批、化学品使用审批等。油漆车间是爆炸性气体环境，对动火控制极其严格，经和汽车厂安保科协商，施工前期动火审批两周一次，化学品清洗后，动火审批恢复到每日一批。设备调试期间，车间施工也实行《施工每日许可》审批制度。对重大作业，要求有作业方案，项目部审批后，才可实施。对风险较大作业的审批审核（和跟踪监护），使现场安装一直处于有效控制之中。

4）安全文明施工评比和奖惩制度

考核是教育的延伸和补充，考核对于保证安全施工正常秩序的作用不可替代。对于严重违章违规的行为，我们予以考核，共开出（奖）罚款单106份。共进行10次《安全文明施工奖惩评比》，奖励先进分包商和个人8次，表扬7次，批评（挂白旗）1次，对于激励分包商搞好自身安全管理，发挥了促进作用。

5）分包商进场审核许可制度

分包商进场之前，对他们进行安全管理交底，打包下发整套进场施工安全管理文件，从企业资质、安全方案、设备设施验收，到奖惩管理规定、作业申请审批表格……既有效指导分包商完善施工准备，又促使分包商较快了解项目部施工安全管理标准，减少磨合适应时间，使项目施工安全管理，最快进入正常状态，还使项目安全管理资料比较齐全，归档及时。

4. 归根结底是现场检查和违章整改

安全是管出来的，现在，个别分包商水平不高，工人安全作业素质（意识习惯）比较差，只有靠严格要求、严格检查、减少违章、杜绝事故。涂装车间

项目部安全例会

早会安全技术交底

20140327良基室外风管安装

3层3万多平方，平时300多人施工，现场检查纠偏工作，非常繁重。而且，我认为，处罚是辅助手段，重要的是通过检查纠偏，培养教育工人“想安全、会安全”的素质。这样又增加了工作复杂程度。

施工期间，我天天在车间巡查，每周至少组织一次联合检查。每周还和汽车厂安保股进行一次联合检查。

安装施工期间，我拍有3000多张检查照片，利用每周周报、例会、看板，展示指正施工违规，警示他人。对于屡次发生的、影响较大的，除了通报批评外，按规定文件进行考核，有照片为证，分包单位也无法扯皮。本项目共开出100张罚单（对安全管理比较好的也奖励）。一些工人说，在这里学到了不少安全施工知识，我觉得很欣慰。

在现场检查中，我至少制止或及时处置了3起危险性较大的事件，避免了可能发生的事故。其中，世纪良基工业设备公司安装室外出屋面风管，需要搭20m高的脚手架。在此之前，我要求安装前要编制方案，经申报批准后才能施工。有一天巡视时，发现他们擅自施工脚手架已搭了5层了，而且现场措施有明显漏洞，当即对其停工，让其编制方案，并对其方案提出具体意见，要求对脚手架三面加斜杆防倾、从屋顶向下放脚手架防倾缆绳和工人保护缆绳等，按要求采购来这些材料后才准许复工，顺利完成了该风管的安装施工。

2014年4月13日，美力马设备公司消防管道试压时，管子接口漏水，喷到动力母线上，消防施工人员只顾清理漏水，没有意识到消防高压水可能进入带电插接母线，造成相间短路，导致严重后果。我看到后立即通知公用管理人员，要求切断母线供电，避免了一次可能的短路爆炸事故。

5. 在设备安全防护功能实现上认真把关，为客户交出安全工程

本质安全是工艺设备项目建设的基本要素，特别是易燃易爆有毒有害高危工艺设备，安全防护功能必须首先保证。油漆车间有多个防爆区，喷漆室、调漆间、储漆间、注蜡室、燃气计量间、叉车充电间等都是爆炸性气体环境，这些区域设备安全防护功能施工，既是质量问题，更是安全问题，而且常常是管质量的把防爆施工看作细枝末节，不放在眼里，管安全的人只有深入一步，提前介入，及早控制。这样，油漆车间设备项目到工程后期，从事施工安全管理的一个很重要的工作，就是核查防爆区域设备是否具备防爆功能和检查防爆安装的施工质量。

我们采取拉网式检查的方法，分四个方面检查落实油漆车间设备安全防护功能。

一是盘点防爆区的防爆电气设备材料，确认防爆区所有电气、材料符合防爆设计，穿线管连接符合防爆规范要求。防爆施工中常见的错误做法是，穿线管连接处，不是涂抹具有导电性能的电力复合脂，而是按常规方法，在普通管道接口用生料带密封。对这种错误，发现一处改一处，决不马虎过关。

二是对防爆区非标设备进行防爆验收评估。调漆、输漆、喷漆设备，直接储存、加工、输送油漆、稀料等易燃易爆化学品，在运行过程中，容器和管道转换处，极易产生静电集聚，破解的手段就是防静电接地，非标设备没有防静电连接标准，就一台一台设备、一个一个部位，确认是否符合防静电接地要求。

三是对所有防爆区域的防静电连接进行检查验收测试。防爆区域的门、（风、水）管道、其他机电设备等，进行防静电连接和可靠性检查检测。

四是对其他区域机电设备按规定进行保护接地。对于接地质量进行检查和测试。

经过这些严格、反复、细致的工作，该油漆车间的设备安全防护功能，顺利通过该汽车集团各级安全部门的检查测试和验收。

三、结语

搞好该油漆车间施工期间的安全管理，简直就是炼狱。经过长达一年的不懈努力，终于实现该汽车油漆车间设备项目，零伤亡、零事故、无火灾火险、无环境污染，安全顺利。其严格的安全过程控制，制度化、标准化的管理方法，也赢得了该汽车集团的认可与好评。

监制钢箱梁焊接质量的技术要求

武汉市政工程设计研究院有限责任公司监理分公司　李汉祥

摘　要： 在城市高架桥中广泛应用的钢箱梁，因其制造质量要求高，结构复杂，焊缝密集，确保焊接质量尤为重要。本文结合钢箱梁制作监理实践，介绍高架桥钢箱梁焊接质量控制的技术要求。

关键词： 焊接质量　技术要求

一、概述

随着城市建设的发展和交通运输的需要，武汉市近年来投入巨资进行城市交通基础设施建设。钢结构因跨越能力强和建造速度快，在城市高架桥中的应用越来越广泛。

城市高架桥钢结构一般采用全位置焊接钢箱梁，钢箱梁制造质量要求高，结构复杂，存在对接接头、角接接头等各种接头形式以及各种不同的焊接位置，焊缝密集，确保钢箱梁的焊接质量尤为重要。

本文结合笔者对武汉市长丰大道、雄楚大街和三环线西段主线高架桥钢箱梁监制实践，对高架桥钢箱梁焊接质量控制的技术要求作一归纳和介绍。

二、钢箱梁制作工艺

钢箱梁结构复杂，钢梁制作质量较高，确保焊接质量是工程的关键。钢箱梁分节段制造，再预拼装，现场吊装焊接的全位置焊接结构，因而设计部门建议有钢结构制造实力的专业桥梁厂或船厂承担钢箱梁结构的制造任务。

主线桥钢箱梁梁段制造和拼装在总装胎架上采用全联制造的方式一次性完成。即板件组装顺序为底板、腹板、横隔板、顶板、T型、U肋和挑梁部件组成形成的梁段。

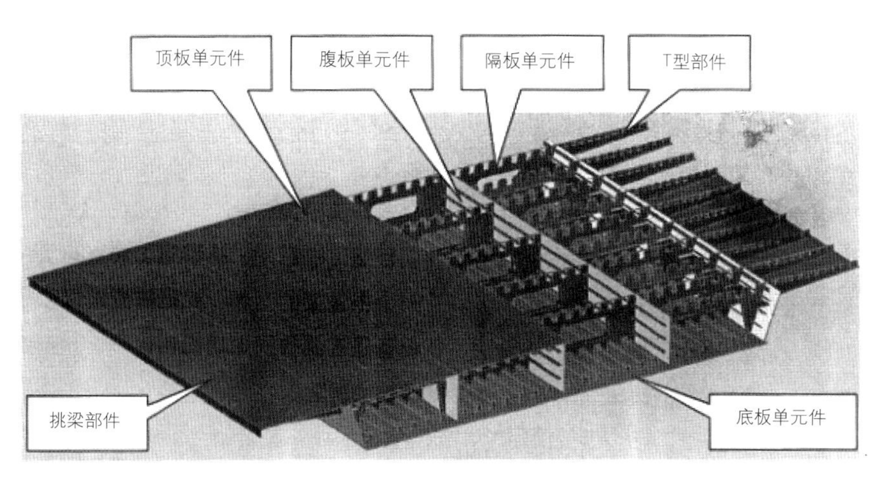

钢箱梁单元件划分示意

三、设计要求及选材

钢箱梁主体结构采用符合 GB/T 714-2008 要求的《桥梁用结构钢》Q345qC。钢箱梁用的钢材均应按相应标准进行冲击韧性试验。在 0℃温度条件下，其冲击值应满足相应规范要求。同时应按规范要求进行 180° 冷弯曲试验，要求无裂纹。

选择的焊接材料应结合焊接工艺，通过焊接工艺评定试验进行选择。保证焊缝性能不低于母材，工艺简单，焊缝变形小。所选焊条、焊剂、焊丝均应符合相应国家标准的要求 CO_2 气体保护焊的气体纯度应大于 99.5%。焊条必须按焊接材料使用说明书的规定烘焙后使用，做到随用随取，不得受潮使用。

焊条使用前要进行烘焙处理，烘干温度 300 ~ 350℃，烘干时间为 2h，烘干后保存在 100 ~ 150℃的保温箱内，做到随用随取。从保温箱取出后，暴露在大气时间不超过 4h。超过后必须重新烘焙再处理，但重复烘干次数不宜超过 2 次。

埋弧焊用的焊剂是一种重要的焊接材料。焊剂的焊接工艺性能、焊剂的化学冶金性能是决定焊缝金属性能的主要因素之一。采用同样的焊丝，以同样焊接工艺施焊，配用不同的焊剂时，所得焊缝金属的性能会有很大的差别，特别是在冲击韧性方面的差别则更为明显。因此，正确选用焊剂是一个很重要的问题。

使用焊剂时应注意以下事项：

1. 焊剂应存放在干燥的库房内，防止受潮影响焊接质量。同时也要防止焊剂包装破损。

2. 使用前，焊剂应按说明书所规定的要求进行烘焙处理。尤其入梅后的天气，空气质量状况差，湿度大，回潮快，在施焊过程中易产生气孔等缺陷。由此，焊剂在使用前必须进行烘焙处理，通常在 250~300℃烘焙 2h，做到随烘随用。

3. 焊前，焊接处应清除铁锈、氧化渣、油污、水分等杂质。

4. 使用中，回收的焊剂应筛选清除渣壳、碎粉及其他的杂物，与其新焊剂混匀使用。

四、焊接实施过程中的控制要求

钢结构焊接必须保证构件的质量，加强工艺管理，严格实施控制过程，使设备、焊材与操作人员焊接过程处于良好的管控状态，保证焊接质量的稳定性。

钢箱梁构件均由多种单元件组装成体。按照焊接方法和不同部位在全位置焊接（平焊、立焊、仰焊、横焊）。为此，对焊工、焊材和焊机设备有特殊的要求。

1. 人、材、机要求

1）焊接人员必须是经过焊接培训，并考试合格取得焊工合格证者。

2）焊工经过实际操作考试，并根据相关标准对其施焊能力进行评估。合格后，方能对构件进行相应位置施焊。具备仰焊资格的焊工可以进行平焊、立焊、仰焊、横焊。具备立焊资格的焊工可以进行平焊、立焊。具备平焊资格的焊工可以进行平焊。

3）合格的焊接人员必须有良好的职业道德和敬业精神，在操作过程中认真对待每条焊缝的质量，并按焊接工艺要求选择焊接材料，并根据焊接方法选配焊接设备。

4）焊接设备必须完好，并具备良好的调节功能。同时做到定期检查检测设备的性能，以保证焊接设备处于完好状态。设备必须加强保养意识，不允许带病作业。

2. 定位焊

1）钢箱梁由多种单元件组装而成。拼装中所采用的定位焊必须与正式焊接材料相同，不允许随意性取其他焊材替代。

2）定位焊焊缝长度为 60 ~ 80mm，间距为 400 ~ 500mm。定位焊焊缝厚度不能超过设计焊缝厚度的 2/3。

3）定位焊采用手工电弧焊或药芯焊丝 CO_2 气体保护焊，定位焊应距焊缝端部 30mm 以上。

4）定位焊部位不得存在裂纹、夹渣、气孔、焊瘤等缺陷。定位焊若出现微裂现象，须查明原因，然后用砂轮片或碳弧气刨清除原定位焊缝，打磨干净再重新定位焊。

5）定位焊严禁采用锤击法或疲劳破坏的方式拆除，须采用气割。切割时不得损伤母材，最后磨平。

6）严禁在焊缝以外母材上随意引弧。

7）由角焊缝连接的单元件部位应贴紧，根部间隙不宜超过 2mm。角焊缝的转角处包角焊缝应良好饱满。焊缝

的起落弧处应回焊 10mm 以上，弧坑应填满。

8）定位焊预热温度应参照正式焊接的有关规定执行。

9）定位焊的焊接工艺等同于正式焊接的焊接工艺，不能简化定位焊工艺，特别是焊条的烘焙处理和焊件的预热。

另外，低合金高强度结构钢厚度为 25mm 以上时应进行定位焊。手工焊和埋弧焊应预热，预热温度为 80 ~ 120℃，预热范围为焊缝两侧，宽度 50 ~ 80mm。厚度大于 50mm 的碳素结构钢焊前也应采取预热方式。

3. 焊接

钢箱梁为全位置焊接结构。由底板—腹板—横隔板—顶板组装，形成梁段。

钢箱梁焊接前，应进行焊接工艺评定。焊接工艺评定按现行《公路桥涵施工技术规范》JTG/TF 50-2011 和《铁路钢桥制造规范》TB 10212-2009 规定进行。焊接工艺评定也是保证焊缝质量的前提之一。通过焊接工艺评定选择最佳的焊接材料、焊接方法、焊接工艺参数及焊后热处理等，以保证焊接接头的力学性能达到设计要求，确保焊缝质量并满足结构受力要求。钢箱梁各种板件的对接焊，必须采用开坡口全熔透焊。同一箱体，面板单元件双拼应先采用实心焊丝打底填充，再埋弧焊盖面。底板双拼采用实心焊丝 CO_2 气体保护焊焊接。除特别说明外，所有平面焊缝均采用实心焊丝焊接。立、仰、横焊均采用药心焊丝焊接。对于顶板与腹板之间、腹板与底板之间等重要焊缝，要求采用开坡口部分熔透焊，要求 80% 熔深。对于标准横隔板、顶板与横隔板之间、底板与横隔板以及腹板与横隔板之间等重要焊缝，可采用双面角焊缝，焊脚尺寸为 10mm。对于墩顶处的支点横隔板、横隔板与顶底板、腹板的焊缝采用全熔透坡口角焊缝。U 肋与顶底板之间采用开坡口熔透焊，坡口深度 6.8mm。总有效焊缝厚度不小于 8mm。顶底板纵向 T 肋或 I 肋与顶底板的连接采用双边角焊缝，焊脚尺寸为 10mm。

板件组焊时应将焊缝错开，错开的最小距离应符合《公路桥涵施工技术规范》JTG/TF 50-2011 和《铁路钢桥制造规范》TB 10212-2009 规定。

根据焊接工艺的设计要求，焊接时首先应符合下列规定：

1）焊接前必须按《铁路钢桥制造规范》TB 10212-2009 的规定，清除焊接区内杂物。

2）施焊时母材的非焊接部位严禁焊接引弧，采用引弧板。

3）焊前必须按施工图及钢结构工程施工规范要求检查坡口尺寸、根部间隙等，如不符合要求应重新处理。

4）所采用的焊接材料型号应与焊件材质相匹配。不允许用其他焊材替代。

5）焊缝区域周围不得有水、锈、氧化皮、油漆、油污等杂物。

6）对接焊缝焊接时，焊缝两段应设引、熄弧板，所用的材质、坡口形式应与焊件保持一致。顶板、底板与 U 形加劲肋的焊接，是钢箱梁加工制造的关键部位之一，应采用自动焊，每一道 U 形加劲肋两侧应同时施焊。为保证顶板 U 肋与底板的焊接质量，U 肋应单侧开坡口。顶板 U 肋焊接必须保证 80% 以上熔透量，要求圆角外边缘不得有裂纹。

7）多层多道焊接时，应严格控制层间温度，各层之间的熔渣应彻底清除干净。

8）埋弧自动焊焊剂覆盖厚度不应小于 20mm，且不大于 60mm，焊接后应待焊缝缓冷再敲去熔渣。

4. 焊接缺陷返修

1）焊缝金属或母材的缺陷超过相应的质量验收标准时，可采用砂轮片修

磨匀顺，或用碳弧气刨等彻底清除。

2）焊缝焊瘤、凸起或余高过大，应采取砂轮片或碳弧气刨清除过量的焊缝金属。母材受损，局部成凹陷部位应进行补焊，打磨处理。

3）焊缝凹陷、弧坑、咬边或焊缝尺寸不足等缺陷应进行补焊。

4）焊缝返修部位应连续焊成，中断焊接时应采取后热，保温措施。

5）焊缝同一部位的缺陷返修次数不宜超过两次。多次对同一部位进行返修，会造成母材的热影响区脆化，对结构的安全有不利的影响。

6）返修后的焊接部位应随即修磨匀顺，并按质量要求进行复检，焊缝未熔合、焊缝气孔或夹渣等，在完全清除缺陷后再进行焊补。

7）焊缝或母材上裂纹应采用磁粉，渗透或其他无损检测方法确定裂纹的范围及深度，应用砂轮打磨或碳弧气刨清除裂纹及其两端各50mm长的完好焊缝或母材，并且用渗透和磁粉探伤方法确定裂纹完全清除后，再重新进行补焊。

5. 焊缝检验

1）焊缝尺寸偏差、外观质量和内部质量，应按现行国家标准《钢结构工程施工质量验收规范》GB 50205和《钢结构焊接规范》GB 50661的有关规定进行检验。

2）焊接完毕，所有焊缝必须进行外观检查，不得有裂纹、未熔合、夹渣、弧坑等缺陷，并符合《铁路钢桥制造规范》TB 10212-2009规定。

3）外观检查合格后，焊缝规定部位应在24h后进行微观无损检验。钢板厚度30mm以上的焊接件应在48h后进行无损检验。

4）进行超声波探伤，内部质量分级应符合《铁路钢桥制造规范》TB 10212-2009规定。其他技术要求可按现行《钢焊缝手工超声波探伤方法和探伤结果分级》GB 11345执行。

5）对接焊缝除应用超声波探伤外，尚须用射线抽探其数量的20%（并不得少于一个接头）。探伤范围及相关技术要求按《铁路钢桥制造规范》TB 10212-2009规定执行。

6）用射线、超声波和磁粉方法进行检验的焊缝，必须达到各自相应的质量要求，该焊缝方可认为合格。焊缝的射线探伤应符合现行国家标准《钢熔化焊对接接头照相和质量分级》GB 3323的规定，射线照相质量等级为B级，焊缝内部质量为II级。

五、监理控制

高架桥全焊接钢箱梁，制造质量要求高，结构复杂，存在各种接头形式和各种不同的焊接位置，焊缝密集，监理应根据设计文件、施工和验收规范要求，审核施工组织设计和施工方案，督促施工方在制作前确定焊接质量控制的技术要求，逐级进行技术交底，并通过严格实施过程控制，确保焊接质量。

1. 原材料监理

原材料钢材预处理流水线上完成抛丸处理表面油污，氧化皮和铁锈及灰尘杂物清除干净。漆膜厚度应符合图纸要求，进行跟踪抽检。

2. 单元件下料

号料前监理核对钢材的牌号、规格、材质等相关资料，检查钢材表面质量。对相关尺寸进行复检。

3. 焊接

要求各单元件拼板在专用胎架上进行，焊接方法采用埋弧自动焊。单元件结构焊接采用CO_2气体保护自动焊，以减少焊接变形，保证各构件焊接质量及外表成型美观。

4. 组装

梁段组装流程必须充分考虑焊接方法和顺序对梁段焊接变形的影响，制定梁段组装程序，并监控涂装质量，使施工工程质量达到规定的要求。

工程监理风险管理浅析

太原理工大成工程有限公司　王建彬

摘　要：从分析工程监理面临的风险，总结出预防风险的对策，达到防范风险的目的。

关键词：管理　对策　防范

工程项目在建设过程中，存在建设周期长、投资数额较大、工作和工序交集的特点。建设周期长，各个阶段的不可预见因素就会相应增加，外界有关因素和内部因素的变化都会影响工期的按期完成；工作、工序繁多，一旦施工组织不尽合理或者返工，同时发生索赔，就会极大地影响工程进度、投资和质量，使参与工程建设的各方的利益受损。参与工程建设的监理单位和监理工程师都面临着很多风险，为了使监理单位减少或避免造成损失，我们有必要对工程监理工程中可能出现的风险进行分析、评估，并采取有效的防范措施。

一、监理单位面临的风险

工程监理单位受业主单位委托对工程进行管理活动，监理工作的对象和内容客观上决定了监理的责任，有责任就会有风险，因而不可避免地面临着一系列风险。

（一）项目业主方引起的风险

有些业主对监理人员不信任，对监理工作不配合，使监理工作失去相应的权利。具体表现为：

1. 对监理工程师的工作支持力度不足，使监理工程师工作力度不够，但是一旦当工程出了问题，业主则要求监理工程师负责任。

2. 对工程提出一些过分的要求。如随意要求加快工程进度，提高工程标准。监理不能说服业主改变观点，或慑于业主的权威不敢提出异议，不得不勉为其难。这很可能导致项目难以控制，质量难以保证，从而导致监理单位的责任风险。

（二）项目施工单位引起的风险

1. 项目施工单位对监理认识不清，不配合监理工作。有些施工单位的人员素质参差不齐，管理水平低，质量安全意识差。工程质量安全出了问题时，监理单位承担连带责任。

2. 有些项目施工单位缺乏职业道德。通常情况下，项目施工单位总是千方百计地争取监理人员手下留情，对其履约不利或质量不合格能网开一面。对于坚持原则的监理人员，有些项目施工单位认为妨碍了他们的利益，不断给监理工程师出难题，甚至设置“陷阱”等待监理工程师疏忽和出错，以便借此败坏监理单位的名声，实现其打击报复的目的。

3. 有些项目施工单位与业主关系比较密切，在这种情况下，监理的指令很难贯彻实施，而一旦项目出现质量问题，业主便要追究监理单位的责任。

（三）监理工程师引起的责任风险

工程监理成效、监理的服务质量是由监理工程师的工作来体现的。监理工程师的素质会给监理单位带来责任风险。监理工程师的责任风险可归纳为、行为责任风险、工作技能风险、技术资源风险、管理风险。

1. 行为责任风险

行为责任风险来自两个方面：一是监理工程师未能正确地履行合同中规定的职责，在工作中发生失职行为造成损失；二是监理工程师由于主观上的无意行为未能严格履行职责并造成了损失。

2. 工作技能风险

监理工程师由于在某些方面工作技能的不足，尽管履行了合同中业主委托的职责，实际上并未发现本该发现的问题和隐患。现代技术日新月异，新材料、新工艺不断出现，并不是每一位监理工程师都能及时准确全面掌握所有相关知识和技能的，无法完全避免这一类风险的发生。

3. 技术资源风险

即使监理工程在工作中没有行为上的过失，仍然有可能承受一些风险。例如在混凝土浇筑的施工过程中，监理工程师按照正常的程序和方法，对施工过程进行了检查和监督，并未发现任何问题，但仍有可能在某些部位因振捣不够留有缺陷。这些问题可能在施工过程中无法发现，甚至在今后相当长的时间内也无法发现。众所周知，某些工程上质量隐患的暴露需要一定的时间和诱因，利用现有的技术手段和方法，并不可能保证所有问题都能及时发现，同时由于人力、财力和技术资源的限制，监理无法对施工工程的所有部位、所有环节的问题都及时进行全面细致的检查，必然需要面对这方面的风险。

4. 管理风险

管理目标不明确，组织机构及人员配备不合理，职责分工不细致，管理制度不健全，工作秩序较混乱，监理检查验收不到位，将会给工程监理单位带来责任风险。

二、工程监理风险的防范对策

工程监理的风险主要来源于业主、施工单位、监理工程师。业主施工单位引起的风险来自外部，监理单位加强内部管理，监理工程师尽心尽责，易于控制。监理单位是监理责任承担的主体，监理工程师引起的风险来自内部，其风险事件危害大，应进行分析评估，制定合理可行的防范对策。

（一）建立企业风险控制体系

风险控制体系在工程管理中是极为重要的。只有建立有效的风险控制体系，才能从根本上使风险发生的概率变为最小，或者是风险带来的损失变成最少。这主要应从以下几个方面入手：

1. 企业制度创新和建立风险控制秩序

一般而言，风险的主要原因就是管理制度不健全和工作秩序混乱造成的，表现为管理出现盲区、决策得不到执行、权利交叉、工作推诿、责任不明、秩序混乱。因此，有必要在公司的组织形式和管理制度上进行适合本企业的创新，以提高公司的活力；同时，建立明晰和井然的工作秩序，使决策得以顺利、有效的实施。

2. 在组织上建立以风险部门为主体的监督机制

在企业内部建立风险部门，其作用是对项目的潜在风险进行分析、控制和监督，并制定相应的对策和方案。

3. 明确风险责任主体，加强目标管理

风险管理的关键点，在于确立风险责任主体及相关的责任、权利和义务。

有了明确责任、权利和义务，工作的广度、宽度就一目了然，易于监督和管理。定岗、定责，即确定岗位的数量及相应的任务和责任，但岗位和责任的确定又是灵活的，根据工程项目的进展或需要相应的变化。

（二）建立责任风险的防范机制

监理工程师必须对监理责任风险有一个全面清醒的认识，在监理服务中认真负责，积极进取，谨慎工作，以期有效地消除与防范面临的责任风险。监理工程师可以从以下方面加强风险意识，提高对风险的警觉和防范，减少和控制责任风险。

1. 严格履行合同

在涉及的所有合同中，对于监理工作必须心中有数，在自身的职责范围内开展工作。

2. 提高专业技能

监理工程师职责从客观上要求从业者不断学习，努力提高自身素质，否则就无法适应现代工程建设的要求。监理工程师应该努力防范由于技能不足带来的风险。

3. 提高管理水平

监理工程师必须结合所有监理的工作的具体情况，明确监理工作目标，制定行之有效的内部管理约束机制，尤其是在监理责任的承担方面，机构内所有成员应该承担什么责任应该明确，落实到位。将这方面的风险置于有效的控制之下。

（三）处理好与业主的关系

首先，做好与业主的沟通。监理工程师要理解项目总目标、业主的意图。要了解项目构思的基础、起因，了解项目决策背景，否则有可能对目标及完成任务有不完整的理解，从而给工作带来很大的风险。

其次，要维护业主的利益，监理工程师在作出决策时，要考虑到业主的期望、习惯和价值观念。监理过程中，要出谋划策，积极当好参谋，主动向业主汇报，赢得业主的信任，争取业主的支持和配合，这对减少来自业主的风险是大有好处的。

（四）处理好与项目施工单位的关系

项目施工单位是项目的直接实施者，监理工程师在监理过程中，一方面要根据委托合同严格监理，另一方面要处理好与项目施工单位的关系，争取他们的合作，以避免项目施工单位引起的风险。为此，监理工程师要做好以下几方面：

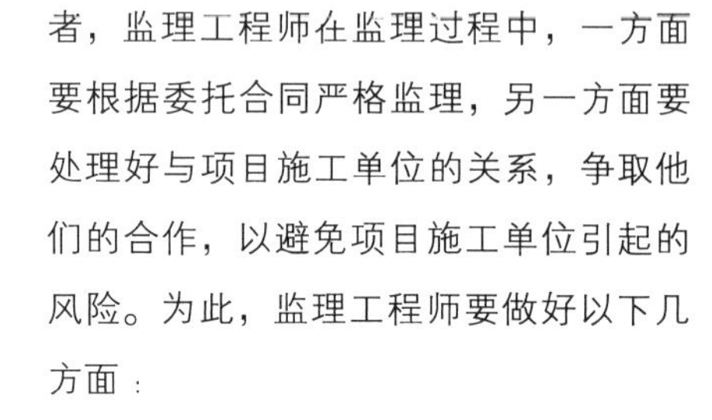

1. 坚持一切按法规、规范办事，坚持以合同为依据严格监理，这是防范风险的关键。

2. 尊重项目施工单位，特别是尊重项目施工单位的人格。在监理过程中开展工作时，应对事不对人，就事论事。尊重项目施工单位的实施经验，鼓励项目施工单位采用先进的技术和方法。

3. 热心帮助施工单位。监理工程师在监理过程中发现问题后，不要仅要求施工单位进行整改，同时要提出可行的整改方案和措施建议，这样就会得到施工单位的感激和敬佩，在不知不觉中提高自身的威望。

4. 注意工作方法和管理艺术。加强与施工单位的沟通，征求施工单位处理问题的意见等，增强施工单位做好工作的积极性。

5. 与施工单位保持一定的距离，不要单独与施工单位亲密相处，否则可能招致业主怀疑和不信任，影响监理工作的正常开展。

工程监理单位要增强风险意识，要深刻认识风险的危害性。工程监理的大部分风险是可预测和可管理的，超前分析，认真识别，可靠评估，科学，慎重地进行风险管理规划，决策、控制和监督，通过强化管理、提高管理水平，主动控制就能够有效地抵御风险，减少风险造成的损失。

园博会项目管理的实践与体会

武汉威仕工程监理有限公司　园博会项目管理部

摘　要：以第十届中国（武汉）园林博览会项目为例，就监理企业如何进行项目管理工作进行思索及探讨。

一、园博会项目基本情况

2012年5月，第十届园博会落户武汉，这是园博会历史上的华中首秀。本届园博会以“生态园博，绿色生活”为办会主题，以“创新、转型”为主要任务，以引导社会对未来和谐人居环境的关注和追求为办会目标。举办地点定于武汉张公堤城市森林公园核心区域，主会场选址长丰公园和金口垃圾场，总体规划占地213.77hm^2。武汉园博园采取“北掇山、南理水、中织补”的方式，规划构建山水“十”字双轴，打造“荆山”、“楚水”两大地标性的生态景区及沿南北走向的景观轴。整个园区规划方案突显“变废地为宝地、变分割为融合、变城郊为城中、变孤立为系统”的规划特色。整个展园建设“北片”、“南片”、“生活片”三大展区，落成之时将大大提升武汉市乃至湖北省的对外窗口形象。我公司有幸受邀参与该项目的项目管理工作，并成立了项目管理部（以下简称管理部），围绕“确保质量、安全、进度、投资全面可控”的目标来开展相关业务。该项目面临着四大方面的难点：

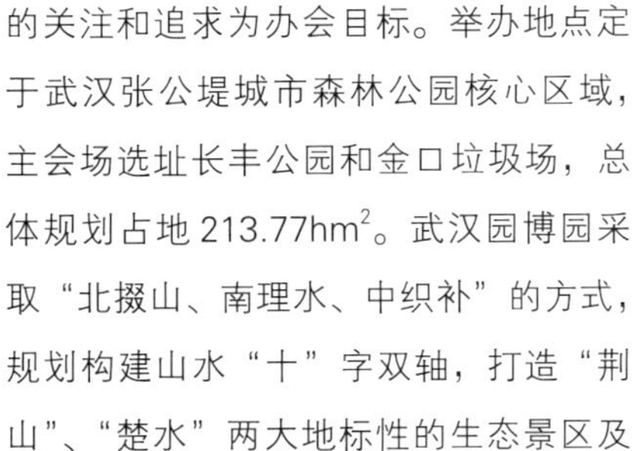

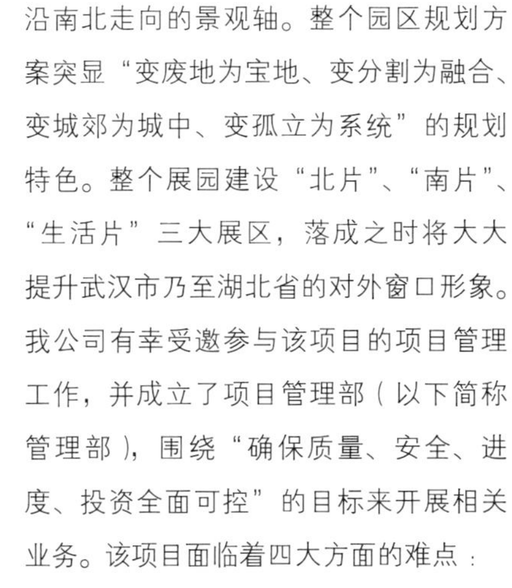

1. 技术难点：在垃圾场上建园，变废为宝。

2. 社会环境难点：三区交接，环境复杂，涉及大量拆迁及棚户区改造。

3. 专业协调量巨大：包括垃圾处理、全园智能化工程、市政道桥及管网、建筑工程等多个专业的沟通与协调。

4. 建设工期紧：2013年5月动工至2015年9月开园。

同时在这些前提下，依然要将本期园

博会办成历届最优质的一次展会。因此，极大地挑战管理人员的整体组织协调能力，是一个值得总结和研讨的管理项目。现以该项目为主题，从项目统筹及策划、项目的实施控制、监理从事项目管理服务的优势及探索三方面来简单介绍在管理过程中的一些经验和总结。

二、项目统筹及策划

从管理体系的明确、工作责任机制的深化、预控预判的管理思维三点来作介绍。

1. 管理体系的建立

结合项目特点明确管理体系，管理层次分明，管理范围及目标性要明确，战略要点要突出，方式方法要适用。俗话说：没有规矩，不成方圆，必须通过体系的建立，明确项目的管理范围与刚性目标。基本要涵盖项目管理全过程周期里的每个里程碑、每个参建单位，尤其是在管理过程中容易引起相关参建方争议的点。管理部通过以下方式形成了管理体系：

1）明确项目的战略目标。确保质量、安全、进度、投资全面可控，满足经久收益的要求。

2）确立管理组织结构。以筹备工作指挥部为中心，以刚性计划为目标准则，首先按照垃圾处理、市政、绿化、智能化控制、建筑工程等来确认大的组织结构框架，然后在大框架中按照决策层、控制层、管理层、执行层来划分每层级的管理任务，建立庞大但不凌乱的管理组织构架。责任到点，责任到人。

3）确定项目的里程碑节点，作为关键线路把控。同时编制三级施工计划，并配备相应的人、机、具资源计划。管理过程中严格执行计划，日日督促，每周考核。

4）建立管理制度、流程。包括设计管理、进度管理、质量安全管理、费用管理、签证变更管理等各项制度，因地制宜，相关制度要具备可操作性、可控制性，不流于表面。

5）范围管理。此乃项目管理统筹及策划中的重中之重，必须做到前后左右施工及管理无缝对接，不留管理真空，不留盲点盲区。在园博项目，管理部首先确认范围管理，然后在其基础上再进行专业划分，比如将与建筑相关的室外综合管网及绿化、园建铺装全部纳入建筑管理体系来统一筹划，虽然这其中涉及多个参建单位及部门，大大加重了建筑管理体系的工作压力及内容，但也只有这样，才能真正地确保工程推进过程中前后的搭接性、科学性，满足管理无缝对接要求。

项目管理的体系决定成败，尤其是在项目各参建方的相对敏感点不一定一致的情况下。通常，业主相对敏感的是进度，监理相对敏感的是质量，而施工方相对敏感的则是费用，必须画一个圈圈或搭设一个平台让大家的大方向一致，不能统一思想，那就强制统一目标。因此，管理体系的建立是项目管理的开始，是第一步，同时也持续伴随项目管理全周期而存在，乃项目管理的成败关键。

2. 工作责任机制的落实

1）工作责任机制的落实。在项目管理体系的基础上，通过工作责任机制的落实，将管理目标及责任深化分解到各个施工阶段，明确每个部门每个人在各个阶段的小目标、里程碑中所扮演的角色及任务。在园博项目上，管理部围绕“确保质量、安全、进度投资全面可控”的目标，采用分区域管理，责任到岗、责任到人、量化销项任务的运行机制，抓住重点及细节，有的放矢，杜绝胡子眉毛一把抓的现象。重点落实“一统一、两规范、三控制”，即：统一目标，明确方向；施工过程中规范标准，样板引路；工程整体推进过程中规范各方行为，纪律约束，做到管理过程科学规范；控制影响或制约工程进展的事，控制调整影响或滞后工程进展的人，控制调整相关设备机具的投入，以达到快速顺利推进工程的目的。

2）工作责任机制的量化。以清单化管理为核心，杜绝“拍脑袋”、“脚踩西瓜皮”的现象，形成了“工程推进任务销项清单”、“设计遗留问题销项清单”、“设备安装条件销项清单”等一系列带责任人、带要求完成时间的清单任务项，落实到相关责任人及单位，日清日毕，每日督促，并在每周举行工程例会，以红黑旗 PPT 的形式向各参建方通报任务完成情况，并附带相应的经济考核。总之，无论是预控管理还是过程管理，不能仅仅只靠嘴说、靠会上提，一定要责任到人，将任务量化、书面化，建立检查加落实的工作机制。同时更进一步加强管理的控制力度和究责依据，做到有理有据，科学规范，有令必依，有责必究。

3. 预控预判的管理思维

1）预控预判的概念。所谓预控预判，是指将工程推进过程中可能出现的重难点、前后工序制约点提早发现、提早安排、提早解决。在思维上，按照“推土机理论”来进行管理，讲究后棒推前棒，这对一个管理者乃至管理团队的素质要求颇高。

2）预控预判中的三熟悉：熟悉图纸、熟悉各专业之间的搭接顺序、熟悉现场实际平面情况。其实对于一个管理者而言，很难做到面面俱到，因此，三熟悉中，熟悉各专业之间的搭接顺序与现场平面实际情况是最重要的，可作为预控预判的重点去了解。

3）预控预判的重要性。在园博项目上，管理部极为重视预控预判的管理，形成前锋管理制，在每周工程例会上，除通报任务完成情况以外，还将可能影响下道工序实施开展的项目以黄旗警示，并提前纳入“任务销项清单”中。同时向各参建方，尤其是对单位管理层时刻灌输“推土机理论”，要求对不紧急但是重要的事提早安排，尽量不去做那些紧急但其实并不重要的事，紧握关键线路与节点，避免将非关键线路因管理失察失误而演变为关键线路。因为只有提前主动预判，才能理清条条脉络，把握住关键点和核心点，让整体工程进展形成后棒接前棒这种接力赛式的流水作业，从而大大提升管理效率。

据上所述，在项目管理的统筹及策划过程中，只要建立完善了管理体系、明确落实工作责任机制、提升预控预判的思维高度，必定能成功地将各个不同的管理部门糅合在一起，出色地完成项目管理任务，而且，对于整个参与项目管理的团队人员，也必定会从管理态度、管理思想以及管理质量三方面有一个质的飞跃与转变。

三、项目的实施与控制

一个项目实施与控制的过程，实际上就是不停的平衡工期、质量、安全、成本四大要素的过程，如何采取合理的方式方法来实施及控制这个过程极其关键。在这里从“科学结合四大要素，确保质量、安全、工期、成本全面可控”、“专业理论与实践技术合理结合”、“项目协调”、“项目考核”四方面来对项目的实施与控制过程作一个简单介绍。

1. 科学结合四大要素，确保质量、安全、工期、成本全面可控

1）何谓四大要素的科学结合？简单地说就是将工期、质量、安全、成本四大目标科学合理地结合，从而在限定的时间和限定的资源消耗范围内，确保高效率地实现项目目标。

2）四大要素结合的基本方针。四大要素贯穿整个项目开始－实施－竣工的各个阶段，是项目管理的核心控制点之一，也是项目管理过程中时刻研讨的课题。这四大要素往往是呈对立形态出现的。因此，确定合理的工期目标、质量目标、安全目标、成本目标，并同时处理好三大目标的对立统一关系是项目管理能否成功的关键。在目标值确定之时，不可能达到同时优秀，也不能使每个目标绝对满意，要考虑其他目标的影响，进行各方面的分析比较。在园博项目，对质量与安全采取刚性控制、刚性目标的方针，对进度及成本则采用动态控制、刚性目标的方针；在保证质量与安全根本的前提下，寻找进度和成本的最优解决方案。因为只有确保了工程质量与安全，才有可能在确保不返工、不造成成本浪费的前提下保证进度。

3）质量目标控制，建立质量管理体系及责任组织机构，确保质量零事故。力争从源头抓起，贯彻刚性管理过程及刚性管理目标的原则。在园博项目的质量目标控制上，管理团队从设计质量的源头抓起，将不尽合理的设计节点或者设计方案予以极早优化、调整。同时，和相关方提前会诊、商议好设计方案，做好交底，一旦方案确认，尽量不在实施过程中再行调整，避免费工费时。在施工过程中，建立严格的质量管理体系，从决策层到执行层，层层传递任务与责任。同时制定日常质量检查制度及季度质量大检查制度，树立质量红线意识。在项目管理过程中，当四大要素出现矛盾时，明确以质量为主的准则，坚决遏制质量事故苗头，坚决处罚踩越红线的人和事。简单地说，要达到确保质量、避免返工、不浪费一分钱、制定切实可行的方案、花该花的钱的目的；所以说，四大要素中的质量目标无论是结果还是过程都应树立红线意识，是不能动摇的，不能听之任之，属于刚性的。

4）安全目标的控制。确保安全零事故的目标、刚性控制与刚性目标。通过危险源分析，建立安全管理体系及责任组织机构，落实周安全及月度安全大检查，制定事故应急预案。与质量管理一样，树立红线意识，并对可能造成安全隐患的人或事采取零容忍的态度，坚决处罚。因此，安全目标无论是过程管理还是结果也是不能动摇的，属于刚性的。

5）进度和成本目标控制。这两项的实施和控制实际是项目管理过程中最有难度，也是最需要耐性的。在园博项目中，管理部采取动态管理过程，确保刚性目标

的基本原则进行控制。采取抓大放小、动态管理的方式。由于施工过程是复杂的动态过程，又受到各种复杂多变因素的影响，实施中经常会与原计划有出入，出现与实际进度不符的点或实际成本有超出的点时，要克服“怕烦、怕琐碎、无用”的思想，坚持对计划执行过程进行跟踪和控制，及时调整、及时反映修正计划来取得实际效果；对于一个项目来说，总进度目标和总成本目标是刚性的，但在实施过程中绝不是一成不变的，只有主动参与、主导项目的推进过程，合理利用进度的自由时差以及成本的单项增减变化度，灵活处理，多站在宏观的高度上思考全局，才有可能完成总目标，绝不能一味使蛮力，更不能钻牛角尖。所以，四大要素中的进度及成本目标在实施与控制的过程中是动态的，但目标同样是刚性的。

一个成功的项目管理，在进行项目的实施和控制的时候，质量与安全一定是第一位的，在任何阶段都是不可动摇的，只有质量与安全抓上去了，才能真正合理确保进度、成本。看似复杂、实则相互的平衡点也很简单，质量与安全是天平中心点，进度和成本为两侧支点，三方看似互相制约，其实是唇齿相依。管理部在园博项目管理的实施和控制过程中，将四大要素科学有机地结合，互相平衡、互补互助，确保了质量，安全事故发生率为零，工期与成本控制合理可控。

2. 专业理论与实践技术合理结合

要管好一个项目，管理团队的成员不仅要有专业理论做支撑，更应将理论知识与实际经验紧密结合，从而有效地解决项目施工中的技术难点和疑点。在管理的实施与控制过程中，理论与经验相结合的成功技术方案，也可以起到节省工期、减少费用的作用，从而达到事半功倍的效果，提高管理效率。拿园博项目来说，项目管理团队处理了很多该类型的案例。比如，针对混凝土与钢结构衔接处的渗漏风险，在钢结构屋面防水的施工过程中，管理团队组织各参建方集中商议，摒弃了“盲目增加防水层”的施工办法，采取了二次排水、分区疏导、增加地漏、加设管道的措施，彻底解决了钢结构屋面防水施工的技术难题，不但深化落实了设计意图，而且还一劳永逸地确保了工程零渗漏、零返工。又如，利用外墙清水砖墙及砌体砖的自身节能系数，结合专家咨询意见，反复计算，成功取消了部分内墙保温施工，在满足规范要求的前提下，既提前了工期，又节约了成本。因此，理论与实践的结合非常重要，但这个过程光有技术经验是不够的，还需要我们的项目管理人员拥有不厌其烦、高度热情的工作态度，主动积极地去发现并处理问题。

3. 项目的沟通协调

项目沟通协调分为内部沟通协调与外部沟通协调，而且又分为正式沟通与非正式沟通。所谓正式沟通是以报告、会议、函件等形式进行，非正式沟通则是以正式沟通渠道以外的形式进行交流与信息传递。在园博项目，管理部将非正式沟通作为与内外各部门沟通协调的主要方式。原因有二：1）非正式沟通在双方心理上能摈除在正式场合的那种“官方环境”或“慎言心理”，能进一步体现出双方的真实意愿，更快找到矛盾点来进行调解与协商；2）非正式沟通在正式沟通之前进行，能进一步加快在正式沟通之时的效率，更快捷地在正式场合形成统一意见或建议，从而将相关要求与决议形成并上传下达。尤其是在讲究时效快速的园博特色，通过非正式沟通达到节约时间成本的目的，非常重要。

4. 项目考核

很多项目在合同签订之初，不一定能真正将奖惩制细化，那么，在项目管理制度建立之时，就必须明确这一点，因为，随着项目的深入开展，质量、安全、进度等各方面的矛盾将日益明显，必须将考核与经济挂钩，没有强有力考核制度支撑，很难对相关参建方形成实质的约束与震慑力。管理部在园博项目，制定了科学可操作的一系列考核方式，包括“园博之星”评选，“劳动性竞赛考核制度”、“里程碑节点考核制度”等，将罚与奖结合，既有惩治也有激励，让各参建方心服口服，正视考核，将考核的精神蔓延至日常施工管理过程中，刻在身体上与心理上。

据上所述，项目管理的实施与操作是个系统性、专业性、技巧性极强的过程，要求我们参与项目管理的成员，不但需要强的管理艺术水平，还需要极大的耐性，最重要的是担当精神，不骄不躁，不卑不亢。

四、监理从事项目管理服务的优势及探索

我国自 1988 年开始在建设领域实行了建设工程监理制度，这是工程建设领域管理体制的重大改革。一直以来，国内强制推行的主要是施工阶段的监理，工作内容主要包含“三控”、“三管”、“一协调”。因此，各个监理企业引进及储备的人员也都是施工实施阶段的工程师，长时间的现场工作，使他们有比较丰富的现场施工经验与技术水平，这是监理企业从事项目管理的重要因素之一。但目前，监理工作在建设工程勘察、设计及调试、保修阶段尚未形成系统、成熟的经验，需要通过实践进一步研究探

索。下面从意识形态、目标高度、技术革新三方面来具体研讨监理从事项目管理服务的优势及探索。

1. 意识形态方面

“思想有多远才能走多远”，意识最重要。现阶段很多监理的工作总体来说还停留在被动监理的状态，也就是工程干到哪儿看到哪儿，对工程全局的把控意识不够深入或者干脆不去了解和把控，致使很多人认为监理的工作是以“旁站”为主，其实这是很片面的，这也是为什么我们很多监理同事在一线工作日夜忙碌，兢兢业业，却仍然得不到业主的青睐和信任的关键点，就是因为提供的服务太单一、太片面。因此，要从意识形态上根本转变，主动深入去了解、研究整个项目的特点、重难点，灌输“项目是自己的，荣辱都是监理的”这种主人翁意识，增强自己的项目大局观以及扩大监理服务的外延，摈弃“多一事不如少一事，少一事不如了一事”的心理，多主动为业主提出更多的决策性建议和战略性方针，让业主觉得监理服务“物超所值”。所以，心甘情愿地去提供给业主更多的服务就必须从思想上端正认识，树立主人翁观念，这是最重要的，也是监理行业真正向项目管理转变的最基本的前提。

2. 目标高度方面

一直以来，我们的监理业务范围主要是施工实施阶段的监理，尤其对质量管理最为看重也最为敏感，这是非常正确的，而且，很多监理企业的员工拥有丰富的现场施工管理经验及技术，尤其是在对国家规范标准的理解及运用上非常突出，这是从事项目管理的必备工具，也是一般工程管理企业不具备的要素，是监理企业从事项目管理业务的优势所在。但是，时下监理企业另一面的缺陷也比较突出，即在目标及管理范围上不够全面，还是略为单一，因为无论是施工实施阶段管理还是质量管理都只是项目管理全周期中的一部分。而且对于监理来说，管好监理的事是首要目标，但绝对不能当作工作的全部目标，必须站在更高的角度，提升管理层次，站在整个项目的全方位立场上去考虑问题，去开展工作，将目标定得更高，更有挑战性。与意识形态转变一样，需要从企业文化建设开始，制定权、责、利、誉相统一的企业文化，培养、造就德才兼备的中坚力量，并率先提拔，分配至各个项目予以任职，以点带面，逐渐扩大，让目标明确，并确保目标能体现出员工的自身价值，做到企业与个人双赢双提高。当然，无论是意识形态转变还是目标高度的提升，对于监理企业来说，都是一个持续漫长的过程，急不得，不能因一时的不顺而放弃，也不能因一时的胜利而自满，毕竟，监理行业从事项目管理仍停留在初始阶段，还未到开花结果的时候，依然任重而道远。

3. 技术革新方面

监理制度已运行多年，包括我们公司在内的很多监理企业，都已有成建制的“贯标体系”、“质量体系”等规章制度，已足以应对现阶段任何监理业务的考验，同时也可灵活利用到项目管理业务中去指导工作。但在建设工程勘察、设计、调试及保修阶段的管理上仍然存在明显的不足，当然，这与多年来的市场环境有关，与多年的监理角色定位也有关。在园博项目上，对勘察、设计的管理非常看重，因为这两项属于一个项目的基础，基础不牢，上面建筑再风光、再五彩斑斓，也只是假象，同时，基础不牢也会直接影响实施过程的顺利开展，技术性错误、意图不明而造成的无谓返工甚至质量事故都有可能发生。而且，管理范围必须覆盖调试及保修运行阶段，只有这样，才算是真正完整地完成一个项目管理的全过程周期，才有可能从质上提升整个管理团队乃至监理企业的文化与素养。所以，我们的监理企业应在设计、勘察、调试及运行保修管理方面下大功夫去培训、研究。首先，引进、维护这两方面的技术性人才势在必行；其次，可考虑逐步让监理从业人员从勘察、设计的规范标准学习开始，逐步利用到现场工程管理过程中去，逐渐在这两方面形成新的“贯标管理体系”，在项目上提出决策性建议，提升自我分量。总之，监理行业要真正成功地从事项目管理，地勘与设计方面的技术及管理革新是必然趋势。

五、结束语

项目管理是一项庞大而复杂的工作。既要主次清晰，重点明确，又要各自兼顾，同步推进，既要统筹全局，又要关注细节。只有通过挖掘潜力，以人为本，提高企业和人员的素质，不断学习及运用新管理方法、新工艺技术，开拓创新，才能成功做好项目管理业务。

工程监理与项目管理一体化服务模式实践

甘肃蓝野建设监理有限公司

摘　要： 工程监理与项目管理一体化服务是未来工程监理企业业务拓展的趋势，会越来越适应市场的需求。本文就某工程建设项目工程监理与项目管理一体化服务的组织模式、组织实施进行了详细的阐述，归纳了在项目管理具体实施过程中的体会和主要取得成果，以期对工程监理企业的业务拓展和转型有所启示。

近年来，我国政府部门大力倡导转方式、调结构，促进科学发展。同样，在工程建设领域，工程建设主管部门也多次出台了有关政策鼓励和引导工程监理企业转型升级，向工程项目管理业务拓展和转型，许多综合实力较强的监理企业也在积极探索业务转型和拓展之路。笔者所在的监理企业总结十多年开展工程监理、项目管理的经验，积极探索项目管理与监理一体化服务模式，并进行了有效的尝试与实践，现就这一服务模式谈谈个人的观点和体会，以期对工程监理企业的业务拓展和转型有所启示。

一、工程监理与项目管理一体化服务的基础

1. 我国推行建设工程监理的初衷就是要借鉴和引入国际先进的项目管理思想和经验，以经济合同为纽带，努力构建相互信任、相互协作、相互促进的新型建设工程项目管理体系，目的是为了提高工程建设的总体管理水平，使每项工程建设项目的预期目标能够得到很好的实现。我国自 1988 年在工程建设领域开始推行工程监理制度，时至今日，实施工程监理相关的法律法规、部门规章和制度已经比较健全，如《建筑法》、《建设工程质量管理条例》、《建设工程安全生产管理条例》等，对工程监理企业的有关职能、权限等均作出了明确的规定，国家推行建设工程监理制度，并规定了实行强制性监理的工程范围，使工程监理有了法律法规的基础和依据。但是，就工程监理企业从事相关工程项目管理工作，并没有在法律法规方面作出强制性的规定。

所以，工程监理企业要从事相关项目管理服务工作，除了建设主管部门要加强引导和推进以外，更重要的是要提高工程监理企业的自身技术水平和管理水平。同时提高从业人员的职业道德也是至关重要的，监理人员能够在各个方面充分为业主着想。能够守法、公平、科学、诚信地为业主服务，得到建设单位（业主）信任和支持是前提，使业主能够有足够的理由将至关重要的工程建设项目管理工作委托给工程监理企业进行实施。

2. 工程监理与项目管理服务一体化势在必行

从 1988 年建设部印发《关于开展建设监理试点工作的若干意见》，在工程建设领域推行建设工程监理制，到建市 [2003]30 号《关于培育发展工程总承包和工程项目管理企业的指导意见》的出台，经过了 15 年的时间。但是，紧接着 2004 年建设部又印发了建

市 [2004]200 号《建设工程项目管理试行办法》，再到后来 2008 年又印发了建市 [2008]226《关于大型工程监理单位创建工程项目管理企业的指导意见》，政府主管部门对工程项目管理工作推进的步伐并没有放慢。

以上政府主管部门出台的相关政策充分证明，对工程监理企业从事相关项目管理的工作内容、阶段以及工程监理企业从事相关项目管理服务工作具有充分的法律依据和基础。工程监理企业在同一建设工程项目既承担项目管理又承担工程监理业务有充分的法律依据，这解除了业主的后顾之忧，也解除了工程监理企业的后顾之忧，更加有利于工程监理企业承揽工程项目管理业务，更加有利于工程监理企业更好地开展工程项目管理服务工作。综上所述，工程监理与项目管理一体化服务势在必行。

二、工程监理与项目管理一体化服务模式的探索与实践

笔者所在的监理企业在总结十多年开展工程监理、项目管理经验的基础上，积极探索工程监理与项目管理一体化服务模式，其中兰州市某出城入园重点项目，我公司为其实施了工程监理与项目管理一体化服务工作。

1. 工程监理与项目管理一体化服务模式的提出

由于笔者所在的监理企业在业主以往的工程监理服务中不但充分发挥了工程监理在项目建设中应有的职能和义务，而且为业主提出了很多合理化建议和意见，使业主在建的工程项目节约了投资、质量更优，取得了业主高度信任，业主充分认可我们的专业技术和管理水平。根据本项目规模大、类型众多、工程复杂、专业性强、建设周期长等特点，提出了工程监理与项目管理一体化服务模式。即在工程建设中，由我公司组建工程项目管理和工程监理两个团队，既承担本工程项目管理，又承担本工程的监理工作，这就是工程监理与项目管理一体化服务模式。

2. 工程监理与项目管理一体化服务模式的组织实施

针对本工程项目的特点，我公司组建了工程监理与项目管理两个团队。项目管理部由公司任命的项目经理负责制，受业主委托，对工程项目施工进行全过程、全方位的管理服务。工程监理团队由总监理工程师负责，全面负责工程监理服务和安全管理等监理工作。在内部管理和运作模式上由项目经理总体负责，统一领导、统一指挥，总监理工程师接受项目经理的领导。在人员配置上项目管理团队侧重于具有工程设计、工程管理经验的专业技术人员，工程监理团队侧重于具有工程施工、工程监理经验的人员。项目管理团队与业主充分融合，高度统一，沟通顺畅、充分信任、快速决策，执行力强，办事效率得到了很大提高。

3. 工程监理与项目管理一体化服务模式的运作成果

该项目实施一年多来，项目管理团队在项目经理的领导下，按照工程项目建设总进度计划进行运作，遵守职业道德、公平、科学、诚信地开展项目管理工作。项目管理工作进展顺利，各项工作任务均能够按计划完成，办事高效，体现出了项目管理既懂专业技术又懂工程管理的优势，项目监理与项目管理团队分工明确，职责清晰。项目管理团队参与业主的各项决策，并为业主提供了强有力的技术支持和咨询工作，工程项目建设取得了良好的效果。项目管理团队已取得主要成果如下：

1）协助业主完成了工程项目建设用地的招拍挂程序；

2）编制完成了工程项目建设总进度计划；

3）在业主的大力支持下，按计划完成了建设用地规划许可证、国有建设用地使用权证（土地证）办理工作；

4）组织实施完成了勘察、设计单位的公开招标工作；

5）协助业主完成了工程勘察、设计合同的签订，并监督完成了项目勘察合同的实施工作；

6）协助业主进行项目前期策划、经济分析、方案确定等工作；

7）协助业主组织完成了工程项目的环境影响评价工作；

8）协助业主完成了工程项目修建性详细规划和建筑设计方案的上报、审查论证、批复工作；

9）完成了工程项目可行性研究报告的咨询审核工作，并提出了相关建设性的意见和建议；

10）完成了工程项目的备案工作；

11）协助业主办理完成了现场临时用水、用电申请接入等工作，并监督实施完成了工程项目的场地平整工作。

目前，工程项目大部分施工图设计已经完成并通过了审查，已经进入工程施工招标阶段，其余各分区板块的施工图正在进行设计当中。

4. 工程监理与项目管理一体化服务模式的体会

通过工程监理与项目管理一体化服务模式的实践，笔者归纳以下几点体会：

1）通过项目管理团队的专业化的管理工作、利用专业知识和管理经验，充分发挥了项目管理既懂工程技术又懂工程管理的优势，使建设工程项目在前期项目决策和建设实施阶段均不走弯路，使建设工程项目关键环节得到控制，加快了工程建设的步伐，使工程项目按期早日投产，取得应有的经济效益。

2）项目管理团队在项目经理的领导下分工明确、职责清晰、沟通顺畅、高度统一、决策迅速、执行力强，使建设工程项目在投资、质量、进度从一开始就处于很好的控制状态，为项目按期建成投产打下了良好的基础，并使工程交付使用后的经常性费用和运营成本的控制得到很好的保证，提高了工程建设项目的总体投资效益。

3）业主可以节省时间、精力和项目管理人员，不需要派出专业人员来参加本项目的管理工作，可以专心致志研究生产工艺等细节问题，使生产工艺更加流畅和完善，避免工作岗位重复设置，减少生产过程中的生产工人数量，有效降低运营成本。

4）业主可以将主要精力放在专有技术、功能确定、资金筹措、市场开发以及自身的核心业务建设上，并借助项目管理团队的管理经验和专业技术知识，达到项目定义、设计、采购、施工的最优效果。

5）有效地避免了业主项目管理机构臃肿等传统管理模式带来的弊病，有效地避免了业主非工程专业技术人员管理项目的弊病，由项目管理团队承担了项目管理工作和协调工作，提高了工作效率，业主投入少量人员就可以保证工程项目的预期控制目标，节约了管理成本。

三、结束语

工程监理与项目管理一体化服务虽然是将来的发展趋势，会越来越适应市场的需求，但一体化的服务模式还处于探索阶段。面对工程监理行业无序的低价竞争，面对工程监理行业目前所处的困境，工程监理与项目管理一体化服务是新的发展趋势，还要不断地完善和创新。许多有实力的工程监理企业已经意识到这一点，并也在积极筹划相关的项目管理工作，使工程管理和技术水平高、企业资质等级高的工程监理企业脱颖而出，尽快探索和实践工程监理企业从事项目管理业务显得非常必要。

浅议代建制模式在医院基建项目管理中的实践

上海申康卫生基建管理有限公司　张建忠

摘　要：代建制作为上海医疗卫生系统“十・五”规划以来的项目管理模式，在实践中取得了较好的成效，得到了相关方面的肯定和好评。但这一模式尚处在探索阶段，在运作过程中存在一定的困惑和困难。文章分析了代建制管理的做法，尤其是为公立医院基本建设项目提供参考与借鉴，对如何进一步改进和完善提出了见解。

一、代建制项目管理模式的实施背景

代建制在上海医疗卫生系统建设项目管理中的实践和运用，可以追溯到“十・五”规划之初。

“十・五”规划之前，上海医疗卫生系统基础设施落后、设备陈旧、拥挤不堪，与上海国际大都市形象相差甚远。为确保上海在“十・五”期间建设成为亚洲一流的医疗中心城市，政府投资约45亿元资金建设若干所符合现代化城市特点的标志性医院，同时还对80万m^2的原公共卫生和医疗机构进行改扩建，基本建设任务繁重又复杂。当时，医院基建项目管理形式单一，普遍实行的是医院自建、自用、自管、非专业分散型的管理模式，缺少规范化、专业化的管理，导致流程不熟悉、操作不专业、程序不规范，普遍存在投资“超”、工期“拖”、质量“差”的现象。投资方与建设方之间缺乏有效的约束机制，作为建设方的医院及使用部门对基建程序、项目流程、操作方式以及专业知识、专业技能等方面的熟悉与了解是相当匮乏的。

根据《国务院关于投资体制改革的决定》中关于“对非经营性政府投资项目加快推行代建制”的指示要求，上海医疗卫生系统建设项目代建制管理模式应运而生。代建制是指政府通过招标的方式，选择专业化的项目管理单位（以下简称代建单位），负责项目的投资管理和建设组织实施工作，项目建成后交付使用单位的一种管理模式。项目的建设组织实施包括编制可行性研究报告、委托勘察设计及监理、工程招标及合同签订、办理相关建设手续、项目实施过程中的管理、竣工验收、工程决算、项目移交等，覆盖了除资金筹措以外的建设

单位在项目实施阶段的全部工作内容。项目代建期间，代建单位按照合同的约定，代行项目建设的投资主体职责，有关行政部门对实行代建制建设项目的审批程序不变。代建制管理的实行突破了我国对政府投资项目的传统模式。

“十・五”规划以来，上海申康卫生基建管理有限公司以代建制管理的模式，承担了市级医院基建工程规划项目 75 项，已竣工完成 51 项，截至目前，尚处在建设中的 10 项，进入前期阶段的 14 项。共投入资金 256.4 亿余元，建设总面积近 300 万 m^2。代建制管理模式，促进了政府投资项目实现了“投资、建设、监管、使用”的职能分离，通过项目专业化的管理，最终达到投资控制、提高投资效益和管理水平的目的。

在已竣工完成的项目中，被评为“鲁班奖”及“国优质奖”的 8 个，评为“白玉兰奖”的 35 个。这些基本建设从根本上改变了上海市市级医院的医容医貌，显著改善了老百姓的基本医疗条件。

二、代建制项目管理模式的实施方式

1. 投资方

投资方履行政府资金投资拨付计划的审批及财政资金的落实，创办公立医疗机构，负责市级医疗机构的重大决策、资产权益和经营者的聘用以及投资融资建设、运营、管理和考核，推进国有资产的进退盘活。在“项目建议书”报相关部门审批前，要求使用方提交《建设项目投资控制标准控制承诺书》，包括承诺保证按照批准概况的投资和规模、批准和扩初设计平面布置的工艺流程进行建设，对于特殊情况和不可抗力引起的各种变更、超过投资 10 万元以上的必须报投资方进行审核批准，备案后方可实施；协调代建方、使用方与项目建设有关的各政府主管部门之间的关系；审核批准项目筹建办组成人员的配备；组织对财务监理单位进行考核等。投资方在代建项目竣工完成后，组织对代建方进行客观、公正、全面的绩效评价。

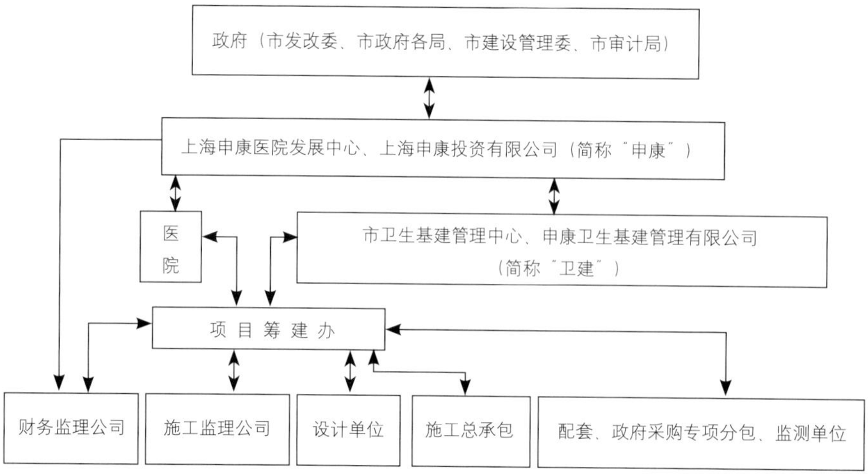

2. 使用方

使用方负责建设项目立项，提供医院现状、医院的总体发展规划以及项目用地、施工用地的周边各种配套及征询意见，提供医院建设资金使用的财务状况，落实项目自筹资金，提供医疗、科研、教学等使用需求。请代建方代理编制项目建议书、可行性研究报告和设计任务书，并会同项目筹建办做好前期各项准备工作，对项目工艺要求、方案扩初、施工图进行确认，并对重要工作做好医院“三重一大”的台账登记。派员参加项目筹建办工作，并担任筹建办主任或副主任职务，参与建设项目的全过程管理，负责同医院内部各有关部门的沟通联系。

3. 代建方

代建单位是项目管理的执行机构。严格遵守基本建设程序，以科学合理、优质高效、优化资源、优势互补、制度加科技的管理为立足之本，推进基本建设管理的规范化、专业化和精细化，达到质量、投资、工期的最佳组合，实现预定的最优功能和目标。

在项目建议书批准后，由投资方审核同意，代建方与使用方联合成立项目筹建办，确定筹建办正、副主任。代建方派出专业技术人员参加筹建办工作。投资方、代建方、使用方签订代建合同，根据总体要求策划项目实施方案，编制项目代建管理操作手册，通过 PM-C 项目管理暨风险防控平台开展各阶段的管理工作，建立对质量、投资、进度、安全、廉政等全方位的控制体系。推广应用新技术、新材料、新设备，及时做好项目管理的经验交流。

4. 筹建办

筹建办是具体实施项目管理的主

政府（市发改委、市政府各局、市建设管理委、市审计局）
上海申康医院发展中心、上海申康投资有限公司（简称“申康”）
医院
市卫生基建管理中心、申康卫生基建管理有限公司（简称“卫建”）
项目筹建办
财务监理公司
施工监理公司
设计单位
施工总承包
配套、政府采购专项分包、监测单位

上海医疗卫生系统代建制模式构架图

体。筹建办要确立项目管理目标，设立管理组织机构，制定各项管理制度与操作流程。以使用方名义向当地行政管理部门进行报建，办理各项审批手续，同时组织做好项目各阶段的招标工作。办理开工前相关工程质量、安全监督手续，按照合同管理制度要求洽谈、签订各类经济合同。按程序进行审核，同时负责实施阶段的现场管理工作，对方案认证等各类变更、各类会审及质量事故处理的协调工作。执行定期例会制度，负责资料管理，组织各阶段的验收工作，做好审计的配合和固定资产的移交工作。

实践证明，代建制项目管理模式既能充分发挥基建工程单位专业化、规范化管理的优势，又能结合医院熟悉、了解医疗业务的特长，为医院提供个性化的需求服务，双方优势互补，合作配合。这一模式，不但使项目管理得到规范化运作，而且提高了工作效率，更重要的是满足了医院医疗业务开展的需求。

三、代建制项目管理模式的基本制度

代建制项目按程序规范操作是项目管理的关键，代建方制定相应的制度，并严格执行制度是顺利完成代建任务的重要一环。多年来，代建制项目管理形成的基本制度有：

1. 工程及设备材料招标管理制度

工程招标及设备材料招标制度严格遵循公开、公平、公正和诚实守信的原则。按照基本建设程序，严格控制项目投资，维护项目利益，确保项目质量。代建方对所有报名参加招标活动的单位，通过检察机关行贿犯罪档案记录，查询有无不良记录，并实行“一票否决制”，从源头上防止不正当行为的发生，所有参加招标活动的工作人员，必须严格自律，遵守招标纪律，自觉执行保密规定。

2. 工程项目财务管理制度

对项目建设全过程的投资控制是工程财务管理的关键。财务管理制度要从源头开始控制建设规模和建设标准，按批准的概算进行“限量设计”与“优化设计”，制定分部分项的细化管理制度，使投资资金得以统筹安排，提高资金使用效益。对工程合同以及工程款项管理费的支付及其他费用的使用，须严格执行会签制度，切实做到合理使用，手续齐全。要求参加项目的施工监理及财务监理单位执行廉洁自律规定，严格把关，确保项目的顺利完成。

3. 工程项目档案管理制度

档案管理是工程项目管理工作的重要组成部分。工程档案是真实反映建设过程和竣工结束后的实际情况，需要对工程项目按建设程序进行分类、整理和编制目录。代建方要指定专人管理档案，按项目归类整理，使整个工程项目档案管理做到资料完整、查询简便。

4. 项目竣工验收移交责任制度

项目竣工验收移交责任制度是规范医院基本建设工程项目的重要制度。完善基本建设工程项目竣工验收及移交工作，确保基本建设工程项目验收质量、按时交付使用是代建方对基建项目代建的重要承诺。

5. 廉政自律及廉政诫勉谈话制度

加强工程建设中的廉政建设，规范工程建设中的各项活动，本着关口前移、教育在先、预防在前的工作原则，与项目所在地的检察机关联手开展争创“工程优质、干部优秀”（以下简称双优）活动。积极争取建设方党政领导的重视和支持，项目筹建办成立后，即搭建“双优”活动组织机构，制定年度双优工作计划，开展反腐倡廉警示教育活动，定期检查安全、质量及各项制度执行情况，开展年度双优活动总结交流。在项目建设过程中实施对全员、全过程、全要素的管理，确保双优目标的实现。

四、代建制项目管理模式的发展思考

1. 代建制作为政府投资项目实施管理方式的改革，在我国还处于起步和摸索阶段。医疗卫生系统的建设项目管理是一项复杂、烦琐、长期的系统工程，代建制模式在推行过程中难免会存在一定的问题和困难。医院应适时参与项目管理，与代建单位保持密切的沟通和联系，及时反映使用部门的合理要求，促进项目更好地符合医疗流程及医疗规范要求。

2. 代建制是以智力服务为基础、专业管理为主导的项目管理模式。由于《上海政府投资建设项目代建制管理办法》尚未颁布，因此对参与项目建设各方的法律地位、权利保障和义务职责等方面的界定尚不清晰。代建方的地位和职能在实际工作中存在一些难以落实的情况，包括代建方无法承担的工作，如在办理报建规划、土地、消防、环保等外部建设事务中，许多政府部门只认使用单位，导致代建方徒劳往返，延误工期。期待《上海政府投资建设项目代建制管理办法》早日出台，进一步规范和完善代建制模式的管理制度和方法，形成良性的市场环境。

3. 要重视降低工程项目造价的各个环节。工程项目的造价控制和降低造价是项目管理极为重要的一环，项目经理应认真编制切实可行的项目造价控制方案，建立造价控制体系。

（1）严格审查设计方案、施工方案，不仅要对技术进行分析，而且应对费用成本进行分析，比较不同方案的区别，除固定成本外，要注意可变成本的分析，掌握控制点。

（2）抓好各环节的招标控制投资工作，采用量体裁衣的方法，控制限额以上各专业分包、设备材料招标工作，同时注重超评议程序的限额以下的各专业分包、设备材料的评议工作。

（3）抓好各类变更工作，尽力做到事前控制，力争不变更、少变更，减少由变更引起的纠纷。重视工程竣工结算，建立工程项目结算的内部复核制度和审计制度。要通过工程项目结算审查工程造价，控制投资，节约资金。

4. 实行代建制模式的项目管理，是希望通过规范化、专业化的管理帮助建设方提高投资和项目建设的质量和效率，保证项目始终处于可控状态。要达到这一目的，就需要有一个具有专业素养和技能的团队，这一团队的培养和训练，则需要一定的经济支撑，而目前代建费收取过低，不利于这一团队的稳定和发展。如何确定合理的代建费，应根据项目具体情况核定，如代建项目的难易程度、工期长短、工艺高低、代建方介入时间的长短、承担责任等因素作综合考虑。同时，要按照协会《大纲和指南》的要求做好管理工作，不断提高代建单位从业人员的职业素养和管理水平。

5. 规范投资方、代建方、使用方各方主体的行为。所有代建项目均应实行合同管理，使用单位应与代建单位订立代建合同，通过合同方式约定各方职责，制约双方行为，清晰合理划分各方责任、权利和义务。要依据合同的约定承担相应的管理风险和经济责任，进一步深化代建制管理模式的内涵。要明确投资方、代建方、使用方的职责，探索采用多种组织结构模式的管理方法，明确代建项目的程序、内容，代建单位的权利和责任，代建项目的执行标准等，使代建制项目管理模式发挥其应有的作用，做到决策更科学、管理更高效、控制更严谨、服务更到位。

实行项目管理是做好项目投资控制的有效途径

山西省煤炭建设监理有限公司　代红

摘　要： 做好项目的投资控制工作是项目管理的主要目的之一，而做好项目的投资控制工作应从科学决策、优化设计、选择好的施工队伍、控制工程变更等方面入手，扎实抓好每一步工作，而要做好这些工作，实行项目管理是必要的途径。

项目管理的过程，是一个项目建设全过程管理的过程，即从项目的前期投资决策阶段到设计阶段，到建设项目发包阶段，再到工程建设实施阶段即施工阶段，这样一个完整的过程。其中投资控制是项目管理工作中最主要的部分，主要就是努力在各个阶段把建设项目投资的发生控制在批准的投资限额以内，随时纠正发生的偏差，以保证项目投资管理目标的实现。但要做好项目的投资控制工作，应从做好如下几方面工作入手。

一、科学决策、合理定位，把好项目可行性研究及投资估算的审批关

科学决策、合理定位，是根据社会和市场的需要，因地制宜、因时制宜、因势制宜。在重大的项目决策时，最忌讳的是“拍脑袋”式的决策和经验型决策，要根据社会的发展和市场的需求合理定位项目功能，或者根据使用方、租户的要求量身定制，那些一味追求标新立异、大思路大手笔的设计想法，极可能造成项目建设投资的失败，故在方案评审时就应将审查的重点放在项目建设的可行性研究及投资估算上，项目可研不通过的坚决予以否决。

二、做好设计阶段的方案比选和优化设计是做好项目投资控制的关键工作

项目投资与成本控制贯穿于项目建设的全过程，但是必须重点突出。根据我国不同建设阶段影响项目投资

程度的坐标图可以知道：影响项目投资最大的阶段，是约占项目建设周期四分之一的设计技术阶段。在方案和扩初阶段，影响项目投资的可能性为75%~95%，在施工图阶段，影响项目投资的可能性为5%~25%。显然，项目投资的控制的关键在于项目前期的决策和设计阶段。而一旦项目作出投资决策后，控制投资的重点马上转变为设计阶段。

在我国，设计收费一般只占建设工程全部费用的1%以下，但正是这少于1%的费用却几乎决定了项目建设的绝大部分的费用。由此可见，设计质量的好坏对整个工程建设的效益是何等重要。如果我们能在设计前期及时参与、及时跟进，管好设计方案、扩初图及施工图的每一步设计，协调好土建与安装设计之间的关系，选择好的设备形式、好的材料、好的设备厂家，就能为整个项目的投资控制起到积极而重要的作用。设计阶段控制投资的方法主要表现在：

1. 选择合适的设计单位

在招投标过程中一定要选择既有一定规模，又要有同类型设计经验的设计单位，能为建设方拿出最优化、最具有市场竞争力的方案，同时选用性价比最高的材料或设备。这不仅要求各专业项目负责人具有较丰富的设计经验和先进的设计理念，并且派出的项目负责人也应具有较强的技术管理和现场协调沟通能力。这些都是保证设计质量的前提，也是保证设计工期、降低工程投资的有力措施。

2. 提供详细的设计技术要求和资料

要能做到提供一套详细的设计技术要求和资料，从我国目前的情况看，一般建设单位，是不可能的，除非该项目已实行了项目管理。实行了项目管理，还必须做好充分的前期市场调研和设计准备工作，明确项目的功能和定位，向设计院提供详细的技术资料、参数、设计要求和设计深度，等等。如每一层的功能定位、平面布置要求、层高的要求以及外立面的要求；水电、煤气、空调等安装工程的详细要求、设备选型、容量要求；外部管线接头的准确位置；场地详细地勘报告等。全面而详细的技术要求能够使各专业设计人员很快理清设计思路，明确设计内容，并能很快拿出较为准确的设计方案，准确定位、减少返工，保证设计质量和设计周期。

3. 认真进行多方案比较

根据提出的设计要求，设计人员可能提出两到三个设计方案，这时作为实行了项目管理的项目，因为它具有一个专业技术配套的管理团队，故具备对项目进行方案比选的能力。通过比选，选择一个设计最优、性价比最高的方案。而对于没有实行项目管理的项目，建设单位很难做到这一点。

4. 加强设计过程的主动控制

实行项目管理的项目，一般项目管理机构会经常主动地与设计人员联系，过问设计进展情况，发现设计偏离技术要求时能及时纠偏，保证设计按照技术要求进行。而未实行项目管理的项目很难做到这点，因为一般建设单位管理人员不具备较专业的技术水准。

三、建设项目发包阶段的投资控制

项目发包阶段，即施工和监理单位招投标阶段，也即选择施工和监理队伍的阶段。要做好发包阶段的投资控制，关键应注意做好如下几点：

1. 招标文件编制应尽可能详细、准确

业主委托的招投标代理公司，应根据设计图纸的要求做出项目的工程量预算清单，并编制详细而合理的招标文件。清单计算应力求详细、准确，符合设计意图。另外业主对施工监理单位的要求也应全面反映在招标文件中，使工程招标文件能全面反映业主及设计的意图和要求，为今后项目的具体实施提供指导性意见，为其打下良好的基础。

2. 施工合同的签订应以业主方的招标文件及对方的投标文件为依据

一旦经过招投标确定下施工、监理单位，施工或监理合同条款的确定就应

以招投标文件为依据，这样可以避免合同执行过程中误解和争执的发生。招投标文件是具有法律效应的，当合同条款的某项约定不清、解释有分歧时，招投标文件就是最好的评判依据。

3. 工程中重要的大宗设备或材料采购方式在合同中应明确约定

对于工程中用到的大宗设备或材料款占建安工程投资的比例大的情况，可在合同中限定对这些设备材料的采购方式，也可以从一定程度上起到控制投资的作用。通常有三种采购方式：

（1）对于重要的大型设备或材料，完全由业主自行招标或直接采购，直接与供货商签订采购合同，在合同中约定给付施工总包方一定的安装配合费及管理费。

（2）对于特殊的材料或设备由项目管理机构指定品牌或型号、规格及价格等，施工方与供货商签订采购合同，业主方补偿施工方一定的费用，如管理费等。

（3）乙方自行采购的材料或设备，在采购之前必须向业主及监理方上报材料采购清单，明确材料的生产厂家、产品规格型号、价格等，由各方签字确认并经项目管理机构审核批后，方可采购。

以上三项工作，对于没有实行项目管理的项目，也是没有能力做好的。

四、建设项目实施阶段的投资控制

建设项目实施阶段，即项目施工阶段。这个阶段是投资控制的重要环节，涵盖了施工整个过程，范围广泛，内容丰富，和我们现场每一个管理者息息相关。归纳起来主要有以下几个方面：

1. 认真审核施工组织设计，检查其是否符合施工规范和设计图纸的要求，对不符合要求的提出修改意见，以免造成返工，导致费用的增加和工期的延误。

2. 施工前组织施工各方认真审查设计图纸，要求设计院要做好设计的技术交底和图纸会审工作，同时还应整理好设计交底和图纸会审纪要。要求施工单位及监理机构熟悉图纸，应尽量多发现设计问题，并汇总各家问题和设计修改意见，把它们详细记录在设计技术交底和图纸会审纪要里，作为原设计文件的补充和完善内容，作为项目竣工决算的重要依据之一。

3. 督促施工各方严格按照设计文件和批准的施工组织设计进行施工，尽量减少工程变更和改动，以控制投资的增加；实在需要变更，则要做好增减工程量的现场签证和设计变更相关手续。

4. 做好施工现场的质量检查及控制，防止因施工错误导致质量事故，引起返工、整改，从而导致工程进度的延误和投资增加。

5. 做好项目各项大宗材料的申报、核价工作。这里特别要注意：在审查施工方的材料清单时，要特别对照审查施工方的投标文件，尽量按照投标文件里所申报的材料品牌、规格、价格进行采购，不随意变更材料的品牌和规格。因为业主方、使用方或设计方等非施工方的原因改变材料的性质，都会带来材料的重新申报和核价。由于投标时的材料价格一般较低，重新申报会导致材料价格的升高和投资的增加，所以施工现场要尽量避免因为材料的变更而引起的投资增加。

6. 抓好现场的安全文明施工管理，杜绝安全事故的发生，确保整个工程建设按照合同的约定顺利实施，也是从根本上保证工程的进度和投资控制的有效措施。

7. 配合监理机构做好竣工图纸和工程决算的审查和把关工作。在项目竣工以后，对施工方提交的竣工图纸和竣工决算报告应严格审查，认真核对，这是投资控制的最后一道程序。通过仔细审查和核对，力图使竣工图完整准确地反映现场实际情况，使竣工决算报告里的工作内容、工程量与实际保持一致；最后配合投资监理核减掉多算、重复算、不该算的内容，控制好决算造价，最终确定项目的总造价。

五、结束语

项目的投资控制是项目建设全过程的工作，应采取积极、主动的控制措施，从项目决策开始，到设计、招投标，再到实施阶段，尽可能减少因设计或施工的返工而导致的投资增加；应当结合组织、技术、合同与信息管理等多方面内容综合控制：重视设计的多方案比选；明确管理职能分工；严格审查设计图纸和施工组织设计方案；严格检查和控制现场的施工质量、安全、进度；确保进场材料的安全性并符合合同、设计及施工规范的要求；严格审核各项费用的支出，完善现场的签证及变更手续；采取对节约投资的奖励措施，等等，这些都是确保项目投资不超标、不偏离的重要保证。

而要做好以上工作，对于没有选择具有一定管理水平和能力的项目管理机构进行项目管理的项目来说，仅凭建设单位管理人员来完成这些工作，是很难实现的，因为任何一个非专业的项目管理机构一般都不可能具备这种能力。

工程监理行业地位和服务内容研究报告

中国建设监理协会

一、工程监理定位和职责变化

1988 年建设部《关于开展建设监理工作的通知》中明确指出："工程监理的内容可以是全过程的，也可以是勘察、设计、施工、设备制造等的某个阶段。"并详细列明建设前期、设计、施工招标、施工、保修等各阶段的监理工作内容。

当初我国工程监理制度的设立，主要参考了国际咨询工程师联合会（FIDIC）合同条件中（咨询）工程师独立第三方的定位，以及对承包商施工过程严格、细致的监督检查和全过程控制的思路。

1989 年建设部发布了《建设监理试行规定》，标志着建设监理工作在我国正式实施。

1997 年《中华人民共和国建筑法》以法律制度的形式作出规定，从而使建设工程监理在全国范围内进入了系统化、全面化的实施阶段。《建筑法》明确了工程监理是我国工程建设的基本管理制度之一，并设置专章（第四章）予以明确。《建筑法》第三十条规定："国家推行建筑工程监理制度，国务院可以规定实现强制监理的建筑工程的范围。"第三十二条规定："建筑工程监理应当依照法律、行政法规及有关的技术标准、设计文件和建筑工程承包合同，对承包单位在施工质量、建设工期和建设资金使用等方面，代表建设单位实施监督。"

《建筑法》实施后，工程监理被定位于施工阶段，其工作内容被概括为"三控两管一协调"。

2001 年 5 月 1 日颁布实施的《建设工程监理规范》将监理工作推向规范化运作的新高潮。

二、《建设工程质量管理条例》的影响

2000 年 1 月 30 日起施行的《建设工程质量管理条例》不仅明确了强制实施监理的工程范围，而且设置专章规定了工程监理单位的质量责任和义务、注册监理工程师的违规责任，明确要求"监理工程师应当按照工程监理规范的要求，采取旁站、巡视和平行检验等形式，对建设工程实施监理"。《建设工程质量管理条例》强化了工程监理单位和监理人员的质量管理责任。

依据《建设工程质量管理条例》，建设部印发了《房屋建筑工程施工旁站监理管理办法（试行）》（建市 [2002]189 号），此文件出台后，工程监理严重偏离了正常轨道。工程监理在施工阶段"三控两管一协调"基础上，便沦为了工程施工的监工。经了解，90% 的施工企业认为，有了监理的"旁站"就一切交给监理了。监理成了一个大箩筐，什么都能往里面装。建设业主、政府主管部门更是这么认为。不论是否是重要、关键的分部分项工程都要求进行旁站，彻底颠覆了要采用巡视、旁站、平行检验三大手段开展监理工作的监理原始定位。不仅如此，企业派驻现场的专业监理工程师增加了无形的工作量，有些工程项目甲方为了规避风险，事无巨细都会要求监理进行旁站，施工方与监理方最初的信任感无从谈起，使得监理在某种程度上成了施工队伍的"监工"。而随之带来的影响就是企业乃至整个监理行业慢慢出现了监理从业者素质不高、高素质人才不断流失的局面。

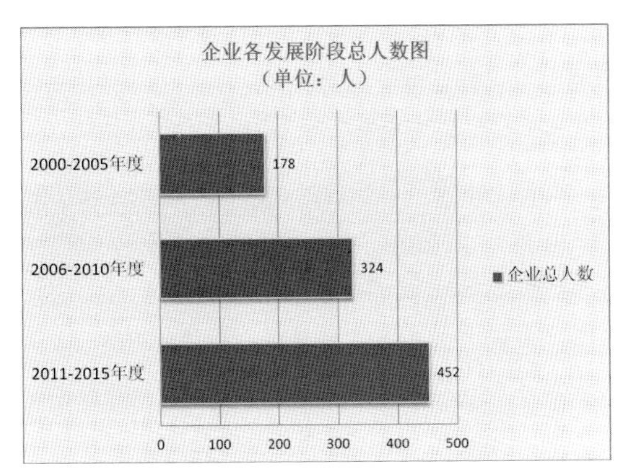

图1　某企业发展三个阶段的总人数图

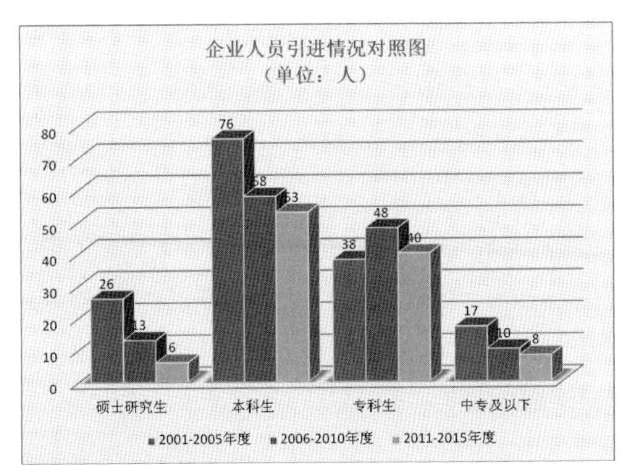

图2　企业人员引进情况对照图

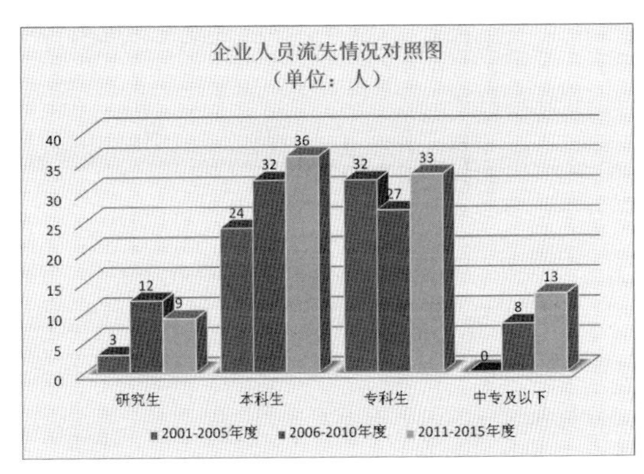

图3　企业人员流失情况对照图

从图 1 可以看到，该公司自身的管理和不断发展，公司一路走来，总人数呈现逐步上升趋势，但从图 2、图 3 不难看出，工程监理制度在规范调整和全面发展阶段，给监理企业带来的却是高素质人才的逐年流失和难以引进的尴尬局面，进而出现图 4~ 图 6 中所反映的人才发展现状。

当应届大中专毕业生逐渐成为监理从业人员的主力军时，他们却在一上岗就成了施工方的“跟班人”，无从感知自己职业带来的崇高感与专业性，每天就是在施工方后面被动进行简单枯燥的工作。加之政府、业主不断地分散和下放责任，让他们觉得这与他们在学校里接收到的信息以及心目中所想的那个监理大相径庭。而伴随着多米诺骨牌效应，“监工”形象一夜之间被一传十、十传百地传播与放大，逐步也就在人们心中印上了“监理无前途”的烙印，自此也更进一步导致了整个工程监理行业无法留住人才和发展人才的局面。

其实，在施工单位自身质量保证体系难以快速健全的情况下，把旁站式监理作为一种应急措施来运用本是无可厚非的，但是将这种应急措施的制度化，导致的后果却是质量管理职责的本末倒置。一方面，此项制度在实际操作过程中，增加了监理单位质量责任，相对淡化了施工单位自身质量自控责任；另一方面，“旁站监理、跟班监理”使监理工程师不得不将工作重心更多地倾向工地现场，无形中降低了监理工作的技术含量，加大了监理工作的责任，违背了监理制度的初衷，改变了国际惯例，扭曲了监理的内涵与外延。

三、《建设工程安全生产管理条例》的影响

2004 年《建设工程安全生产管理条例》出台，其中明确规定：“工程监理单位应当审查施工组织设计中的安全技术措施或者专项施工方案是否符合工程建设强制性标准。工程监理单位在实施监理过程中，发现存在安全事故隐患的，应当要求施工单位整改；情况严重的，应当要求施工单位暂时停止施工，并及时报告建设单位。施工单位拒不整改或者不停止施工的，工程监理单位应当及时向有关主管部门报告。工程监理单位和监理工程师应当按照法律、法规和工程建设强制性标准实施监理，并对建设工程安全生产承担监理责任”。

该条例在贯彻执行过程中，各级政府又层层加码，甚至被无限扩大。工程监理从工作内容和职

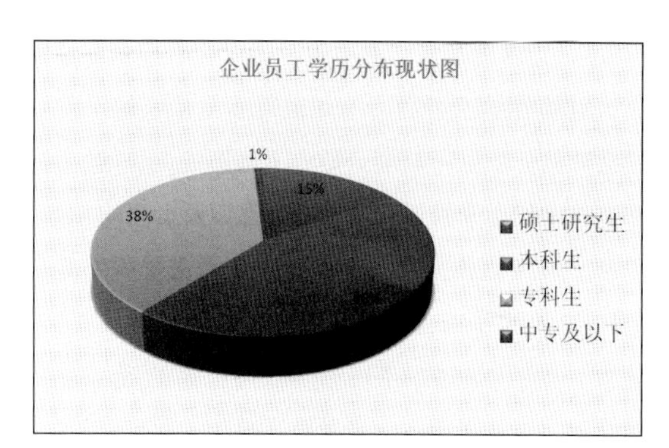

图4　企业员工学历分布现状图

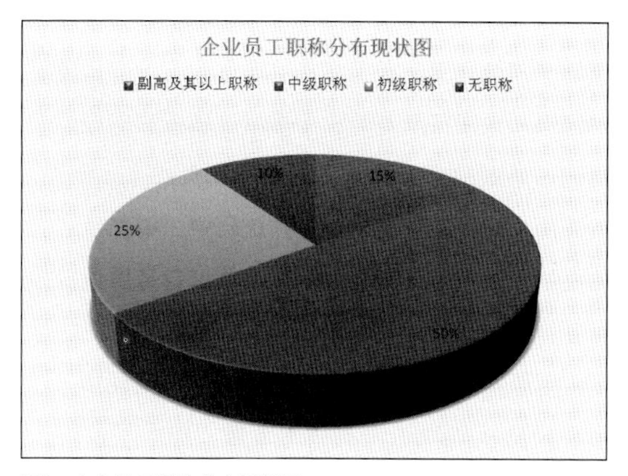

图5　企业员工职称分布现状图

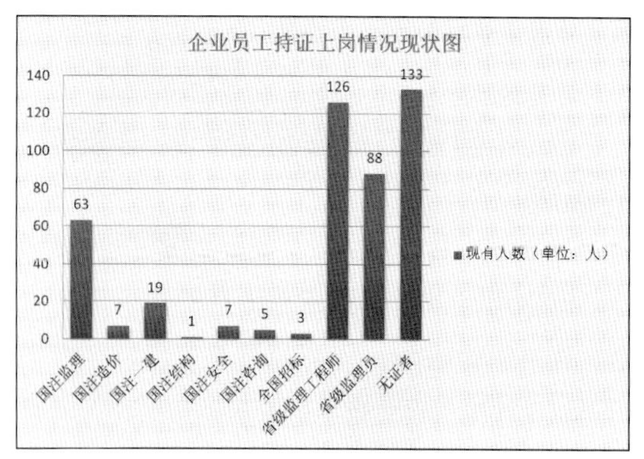

图6　企业员工持证上岗情况现状图

责上讲，可以为工程建设安全生产提供咨询服务，但安全生产的责任全在建设主体（即施工单位）身上，监理不应承担任何安全生产管理上的责任。《条例》无端扩大了监理的责任，造成监理工作无法按国际惯例正常进行。

案例 1：2012 年 9 月，武汉市某建筑工地，发生一起施工升降机坠落造成 19 人死亡的重大建筑施工事故，直接经济损失约 1800 万元，包括总监代表在内的 28 人受不同形式处理。

基于《建设工程安全生产管理条例》中规定了监理单位和监理工程师个人对建设工程安全生产承担监理责任这一规定，各地方政府也出台了地方安全监理的政策和规定。上述政策和规定的核心基本可概括为“连坐模式”，即只要施工单位出问题，监理单位就必须连带受处罚。“连坐模式”与安全生产法中的“谁生产，谁负责”的原则严重背离，生产安全的偶然性让监理行业无法通过职权完全杜绝风险和隐患的发生，却必须承担因施工单位安全生产不力带来的安全责任。这种做法不仅导致监理企业在项目管理中将“安全监理”放在首位，更导致监理人员的责权严重不对等。“安全监理”不仅给监理企业套上了沉重枷锁，而且进一步增加了企业人工成本。

案例 2：2013 年 11 月，湖北省某建筑工地，发生一起高大模板支撑系统坍塌事故，造成 7 人死亡，5 人受伤，直接经济损失约 550 万元。

处理结果：

1. 施工单位：对现场的实际承包人及其相关人员进行了刑拘。事故的直接责任人及相关管理人员均未被追究法律责任，无一人被判刑，人身自由游离在法律约束之外。

2. 监理单位：对监理企业法定代表人以涉嫌重大责任事故罪刑事拘留，对项目总监理工程师处以 3 年有期徒刑，失去了 3 年的人身自由。

以上判决虽经多方反映上诉，但最终也未能得到改判。这一案件带来的后果是，直接施工的责任主体带来的较大安全事故未被深度追究，而负连带责任的工程监理人员“替”直接责任人背负刑事责任，是一场本末倒置的判决。导致了错误的安全生产管理导向，淡化了施工方自身的安全生产管理责任，弱化了政府建设行政主管部门和建设业主的安全生产管理责任，使得工程监理企业和从业人员背负着沉重的安全生产管理责任风险，失去了有体面工作的“安全感”。监理人员因安全生产事故被抓或被判刑后，进一步加大了行业内高素质监理人才的大量流失。

潜移默化中，“质量控制”及“安全管理”的

“一控一管”也成为了企业监理管理的重点和核心，监理的职能发生了根本性转化。监理行业一场全民皆兵防安全、抓安全的风气自然形成。各监理企业把大量的时间和精力用在防安全上，彻底颠覆了监理制度引进的初衷，改变了国际惯例对监理的定位，失去了监理应有的地位和相应作用。监理安全工作本应为施工企业自身的重要职责和政府安全监督部门主管职责范围之事，却导致出现了政府安全监督部门将安全监督职责下移至监理企业的现象，监理企业在“安全管理”上面临着“一仆二主”的窘境。至今，安全监理成为了制约我国建设监理行业发展的一副隐形枷锁，严重阻碍了监理企业向高智能、专业化、服务型发展。

四、工程监理服务内容和工作重点

根据国务院办公厅《关于公开国务院各部门行政审批事项等相关工作的通知》，国务院各部门分别在本部门门户网站公开正在实施的行政审批事项清单。其中，审批监理企业资质的国务院有关部门有水利部、交通运输部、质监总局、人防办、国土资源部、住房城乡建设部等六个部门。同时审批准入类或水平评价类监理工程师职业资格的有五个：住房城乡建设部、人力资源社会保障部设置的监理工程师准入类职业资格；国家质检总局、人力资源社会保障部设置的设备监理工程师水平评价类职业资格；水利部自行设置的水利监理工程师；交通运输部自行设置的公路监理工程师；交通运输部自行设置的水运监理工程师。

多部门管理造成政出多门、各自为政、标准不一、管理混乱，使工程监理单位无所适从。

在住房城乡建设部管辖范围内，就有以下咨询服务类资质：

一是招标代理资质。2000 年，原建设部发布《工程建设项目招标代理机构资格认定办法》（建设部令第 79 号），开始设立招标代理资质。2006 年，发布《工程建设项目招标代理机构资格认定办法》（建设部令 第 154 号）。

二是造价咨询资质。2000 年，原建设部发布《工程造价咨询单位管理办法》（建设部令第 74 号），开始设立造价咨询资质。2006 年，发布《工程造价咨询企业管理办法》（建设部令第 149 号）。

招标代理和造价咨询资质的设立，使得原本可由工程监理单位从事的咨询服务内容被人为割裂，尤其是造价咨询企业资质中要求注册造价工程师人数占股东人数和注册造价工程师所占股份不得低于 70%（后改为 60%）的要求，使得大型工程监理单位基本上无缘申请造价咨询资质。

按照《工程监理企业资质管理规定》（建设部令第 158 号），甲级监理单位可以在全国范围内跨区域承揽监理业务，综合资质监理企业可以不受专业门类限制承揽监理业务，住建部一再重申，地方和行业不得另外设定门槛，但在实际执行中，各地区各行业出于本地区本部门利益的考虑，以各种方式限制非本地区非本专业的监理单位业务开展，有的虽无明文规定，但具体经办部门或具体经办人员的要求，就足够造成跨地区跨部门承揽监理业务的障碍，造成事实上的不公平竞争。

五、工程监理收费情况和人均收入变化

1992 年，原国家物价局和原建设部联合发布《关于发布建设工程监理费有关规定的通知》（[1992] 价费字 479 号），规定了监理取费办法，并规定监理费计入工程概算；2007 年国家发改委和原建设部联合发布《建设工程监理与相关服务收费管理规定》（发改价格 [2007]670 号）和《建设工程监理与相关服务收费标准》，严格规范了建设工程监理与相关服务收费管理，适度调整了建设工程监理收费总体水平，增加了相关服务的收费标准，完善了收费结构，进一步明确了收费的计费基础。

（一）监理价格放开后的市场状况

2015 年 2 月国家发改委发布关于进一步放开建设项目专业服务价格的通知中，将监理收费等同前期咨询费、勘察设计费、招标代理费和环境影响

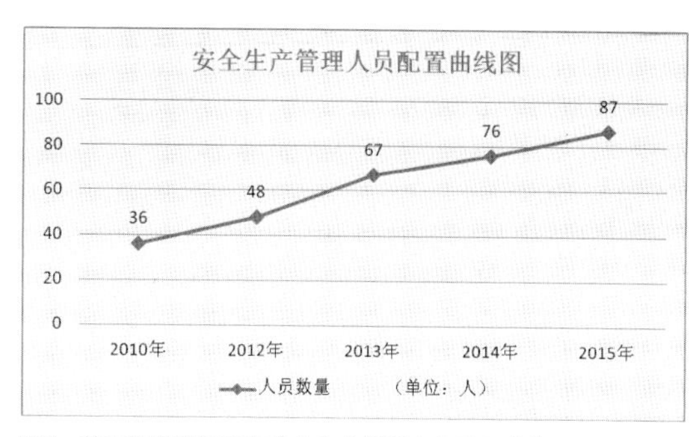

图7　某工程监理近五年安全生产管理人员配置曲线图

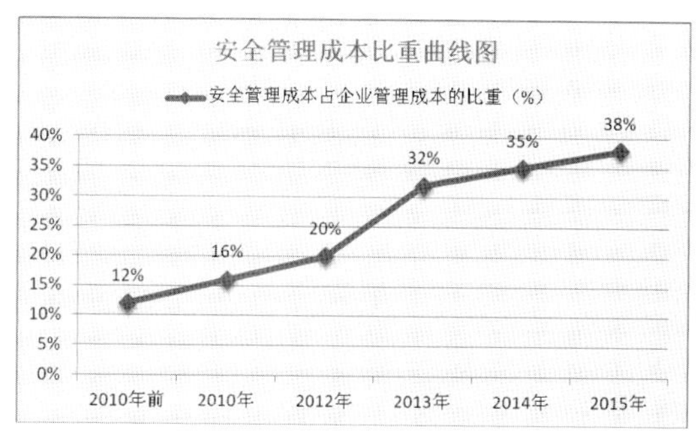

图8　某工程监理历年来安全管理成本比重曲线图

咨询费一并放开。这一文件，只看到监理的中介作用和地位，无视监理具有监督管理的功能，在对监理的社会责任没有免去的前提下，过早地将监理推向自由市场，使监理更加难以维持公正独立开展工作的原则，严重降低了监理的作用和效果。2015年9月，广东省建设监理协会和广东省价格协会联合抽样调查广东七个地市的监理收费情况，发现2015年3月以来，监理收费平均价格整体下降15%，个别地区平均价格整体下降达25%，这对保证监理服务质量非常不利。

案例3：2015年某工程监理企业承揽了某大学新校区扩建工程。其中：该校新校区学生宿舍一组团建设项目的工程监理招标（招标时间：2015年2月）服务费在670号文件收费标准的80%-100%范围内进行报价，而该校新校区单体建筑（一期）二标段建设项目的工程监理招标（招标时间：2015年7月）服务费在670号文件收费标准的40%~60%范围内进行报价。同一业主同一标准服务要求，但监理服务费相比价格放开以前下降了40%甚至更多，监理人员年均产值也急骤下降（见下表）。

上述案例的对照表可以看出，价格成为了监理招标中监理企业是否中标的主要因素，而非监理企业的服务品质的竞争，这种政策违背了招投标法中服务类招标价格不作为主要竞争指标的本质，同时也导致恶性价格竞争无法支撑企业良性运营。很多企业因经济效益不佳，被迫降低企业内部成本去招录低学历、低素质的监理从业人员。

按照国际流行的工程咨询服务报价方式，智力型劳动一般采用成本加酬金的方式，按人工时计费的咨询服务报价可以很高，但在国内一般认识水平上，智力劳动的价值普遍被低估或不被承认，参照人工费计价无法反映监理工作的实际价值。

近期中国建设监理协会对房屋建筑工程、市政公用工程、铁路工程等不同专业类别的工程监理

某大学新校区单体建筑（一期）二标段
建设项目价格放开前后对比表

<table>
<tr><td>项目情况</td><td colspan="3">总投资：6亿　工期：24个月　人数配置：15人</td></tr>
<tr><td>实施阶段</td><td>监理报价在招标文件中的得分</td><td>监理取费</td><td>人均产值（单位：万元/人·年）</td></tr>
<tr><td>670号文放开前</td><td>670号文收费标准80%，得满分，不竞争</td><td>793.12万元</td><td>26.44</td></tr>
<tr><td rowspan="2">670号文放开后</td><td rowspan="2">[670号文件收费标准20%；670号文收费标准60%]，价格予以得分竞争</td><td>该公司报价：541万元</td><td>18.03</td></tr>
<tr><td>投标企业最低报价：390万元（670号文收费标准40%）</td><td>13</td></tr>
</table>

各类咨询企业收费依据

行业	收费依据	收费比例	取费基数
监理	发改价格[2007]670号	1.04%~3.3%	建安工程费
设计	计价格[2002]10号	1.88%~4.5%	初步设计概算
咨询	计价格[1999]1283号	编制建议书0.02%~0.2%	投资估算
		编制可研0.04%~0.4%	
		评估建议书0.003%~0.13%	
		评估可研0.004%~0.16%	
勘察	计价格[2002]10号	单件收费，无固定比例	
招标代理	计价格[2002]1980号	差额定率累进法0.01%~1.5%	中标额

取费情况作了调查，一致反映，工程监理收费政府指导价取消以后，监理取费明显降低，市场竞争进一步加剧甚至有恶化趋势。

（二）价格放开前相关行业取费情况

工程建设领域相关咨询类企业（包括工程监理、勘察设计、工程咨询、招标代理等）在价格放开前的取费依据见上表。

与上述勘察、设计、工程咨询、招标代理相比，虽同为建筑咨询服务行业，但监理工作投入的人力、工作周期和质量安全风险大于其他咨询企业，而人均监理取费却远低于其他咨询服务企业。导致人均监理产值和个人收入与上述咨询服务行业差距悬殊。

通过对北京市上述各类企业2008~2011年的收入情况调查发现：

勘察、设计企业人均年产值为54万元；

招标代理、咨询企业人均年产值为32万元；

监理、咨询、招标代理综合企业人均年产值为18.4万元；

单一监理企业的人均年产值为10.4万元。

以单一监理企业的人均年产值为基数计算，可得以下结果：

勘察、设计企业人均年产值为单一监理企业的4.82倍；

招标代理、咨询企业人均年产值为单一监理企业的2.86倍；

监理、咨询、招标代理综合企业人均年产值为单一监理企业的1.64倍。

通过对比，单一的监理企业人均年产值最低，监理人员的人均收入也最低。其原因是：

一是监理工作用人多：对同等规模的工程，监理耗用的人力资源远大于勘察、设计、咨询、招标代理等企业。一个中等规模的房建工程，组成监理项目部，至少需要总监（总监代表）、土建、水暖、电气等专业监理工程师、安全员、资料员及见证人员等6~8人；而勘察、设计、造价咨询、招标代理等则只需少量人员即可完成。

二是监理工作周期长：监理服务需要贯穿施工阶段全过程，其服务周期相当于施工周期甚至更长（包括保修阶段）。一个中等房建工程项目，通常需要一至二年，并可能遇到停工或延期等情况。而勘察、设计、造价咨询、招标代理一般集中于工程前期或某一阶段，工作周期相对较短，也不存在因停工或施工延期等情况带来的利益损失。

三是监理人员的固定占用特点显著：监理工作主要在施工现场进行，每个工地均需要设置项目监理部，而项目监理部人员一旦固定，就难以从事其他项目部的工作。根据北京市规定，除总监理工程师可兼任三个工程外（工程规模较大的总监理工程师不能兼职），其他人员一经确定，不论忙闲，均难以调动，造成了监理人力资源的固定占用。而勘察、设计、造价咨询、招标代理等人员工作跨度大，一人可穿插进行几个项目的工作，且可重复利用资源较多，工作效率明显高于监理人员。

四是勘察、设计、咨询、招标代理等单位，其服务性质为“智力密集型”，投入产出比相对较高。而监理企业的定位虽然也是“提供高智能有偿服务”的机构，但由于监理项目使用的人多、周期长、工作调动不灵活等原因，其服务性质更接近于“劳动密集型”，投入产出比相对较低。这是监理有别于勘察、设计、工程咨询、招标代理等企业的重要方面，也是造成监理人均收益低的重要原因。

综上所述，从投入人员、工作周期和投入产出比等多方面比较，现行工程监理取费标准实际上仍然偏低，影响了工程监理企业的队伍建设和可持续发展。此外，监理企业的日益“劳动密集型”化，也难于吸引高端人才从事监理工作。

（三）工程监理行业结构不合理

1. 企业结构不合理

近几年统计数据显示，我国监理企业综合及甲级资质比例较大，乙级、丙级和事务所资质比例偏低，呈现出不合理的“倒金字塔”分布。以北京为例，截至 2013 年底，北京共有工程监理资质企业 309 家，其中，综合及甲级资质企业 227 家，占监理企业总数的 73.5%；乙级资质企业 63 家，占监理企业总数的 20.4%；丙级资质企业 19 家，占监理企业总数的 6.1%。尽管高等级资质的监理企业比例很高，但相当一部分企业的整体实力并不突出，其他经济发达地区的情况与北京市基本相似。由此反映出我国监理企业资质结构欠合理，较高等级资质企业多而不强。这种“倒金字塔”型的资质结构加大了各个企业间专业分工协作的难度，在服务内容上难以形成互补，无法适应市场经济条件下多层次、多元化的服务需求，也在一定程度上加剧了市场在低水平上的重复恶性竞争。

2. 人员结构不合理

监理企业人员后继乏人，也是监理行业面临的严重的问题。据分析测算，监理单位需要上保险的人数不足总人数的一半，监理队伍稳定性差，每年监理单位人员流动率在 20% 左右，不需要上保险的绝大部分是退休人员。毕业生引进难，引进后由于学不到东西或者自认为学得差不多而选择离开的占大多数。据分析，毕业生三年后能留在监理行业的不足三成，而考取一级建造师后选择离开的占 90% 多。

3. 注册监理工程师年龄结构恶化

当一个项目监理招标文件要求总监必须到位而总监的年龄必须在 50 岁以下时，监理单位发现，可选择的余地真的不大。据估计，50 岁以上注册监理工程师占注册监理工程师总数的 70% 以上，40 岁左右的注册监理工程师中大专学历居多，具有高级技术职称的注册监理工程师职称比例逐年下降。

4. 注册监理人员短缺

注册监理工程师占监理人员总量的比例低，数量严重不足，难以保证监理企业按招标文件的要求履约，影响了监理工作的正常进行；注册监理工程师数量增长缓慢，难以在短期内解决注册人员严重不足的问题。

注册监理人员严重不足的原因主要是由于监

北京市2010–2013年注册监理人员比例统计

年份	从业总人数	注册人员		从业监理人员总数	注册监理人员		注册监理人员占从业人员总数的比例
		人数	占比		人数	占比	
2010	59399	9682	16.30%	43691	7122	16.30%	11.99%
2011	65637	11789	17.96%	47674	8296	17.40%	12.64%
2012	68722	12517	18.21%	50144	8702	17.35%	12.66%
2013	76293	13493	17.69%	54820	9228	16.83%	12.17%

理行业风险大、待遇低、报考条件高，报考人员逐年减少；部分监理工程师取得执业资格后，未注册或注册后未在监理企业工作，这些人员分布在开发、设计、高校、会计师事务所等单位。

非注册监理人员目前占监理从业人员多数，他们承担着大量的监理日常工作，其素质、能力、责任心等对监理工作质量起着重要作用。非注册人员管理目前的主要问题是待遇低、责任大、工作条件艰苦，造成人员流动频繁、监理队伍不稳定。

对非注册人员的管理目前缺乏统一要求，一般持培训证书上岗。同样持有监理培训证书的人员，既有高、中级职称经验丰富的技术管理人员，也有刚毕业实践经验缺乏的学生，其工作能力、水平差距悬殊。

目前的监理培训部门较多，教材繁杂，标准不一，培养出的监理人员参差不齐，未发挥监理行业协会的作用，不利于提高非注册监理人员的素质和管理。

（1）1988~1996 年，人才集中。工程监理制作为新生事物引进，一个局级单位只能开办一家监理公司，不允许有外资或私人股份，从事建设单位管理、科研、设计、施工的人才加入到监理队伍中。监理人员平均能力高于施工单位管理人员水平。

（2）1996~2000 年，人才稀释。可以开办外资或个人的监理公司，建筑市场火爆，房地产行业兴起，招标代理、造价咨询在分流咨询业务的同时分流人才，人才就业选择面变广。监理人员平均能力持平于施工单位管理人员水平。

（3）2000~2004 年，人才流失。《建设工程质量管理条例》及《旁站监理管理规定》的发布实施，监理责任加大，监理服务现场化、低端化趋势明显。监理在质量管理方面能力得以被动强化，其他方面的能力开始弱化。

（4）2004~2012 年，人才严重流失。《建设工程安全生产管理条例》的发布实施以及多起监理人员承担刑事责任的案例，使得监理企业高端人才招不到、留不住，毕业大学生难找、留不住，人员年龄结构、学历结构恶化，安全管理方面的精力占用冲淡了质量管理的精力，工程监理人员在质量和安全生产管理方面能力能够与施工单位持平，但其他方面的能力必须依靠公司整体实力加以弥补。

（5）2013 年开始，整固加强，“触底反弹”。经济增长方式转变，建筑市场调整，使监理单位能够集中力量干好工作；房地产企业竞争形势转变，人才开始回流。妥善加以引导，可以使监理行业逐渐恢复“元气”，走向健康。

六、对推进建立制度发展的建议

建设监理体制应在如下八个方面深化改革：

（一）进一步完善建设监理有关法律法规

1. 修改完善《建筑法》

1）明确建设单位的义务和法律责任。项目法人制也是我国现行工程管理的四大制度之一，应予以强化和落实。有些房地产开发项目，按工程成立项目公司（建设单位），当工程建成，完成商品房销售后即解散，造成工程建设过程不切实履行建设单位责任，事后出现问题无人负责，最终将问题遗留给社会和政府的种种恶果。

2）明确监理的定位。建设监理应是我国改革开放和市场经济建设国策下，参照国际工程咨询服务体系，结合中国特色而建立的一项工程建设管理法定制度。监理就是受建设单位委托，通过高智力型工程技术与管理手段，为促进工程建设顺利实现三大目标、发挥好工程建设综合效益提供服务。因此监理只对建设单位负责，承担的是建设单位责任的连带责任，而不应承担有直接的法律责任。工程建设的直接法律责任只能是建设单位承担。

3）明确监理的责权利。建设工程监理作为一项国家法定工程管理制度，其为建设单位履行合同责任的责、权、利和为国家履行社会责任的责、权、利需要加以区分，并充分明确。即如果监理要为国家履行社会责任，就要有国家支付监理服务酬金的机制。

2. 建议国务院尽快制定《工程建设监理条例》

《建筑法》修订后，建议由国务院根据《建筑法》的规定制定《工程建设监理条例》，重点明确以下几个方面：

1）监理和监理单位的定义。建设工程监理定义应为：工程监理单位受建设单位委托，根据法律法规、工程建设标准、勘察设计文件及合同，在施工阶段对建设工程质量、进度、造价进行控制，对合同、信息进行管理，对工程建设相关方的关系进行协调，并履行建设工程安全生产管理法定职责的服务活动。工程监理单位定义应为：依法成立并取得建设主管部门颁发的工程监理企业资质证书，从事建设工程监理与相关服务活动的服务机构。

2）明确国务院监理主管部门。国务院应充分明确由住建部统一管理监理企业资质和监理人员个人执业资格，不得其他水利、交通、工信、环保、人防等多部门各自颁发企业资质和人员证书，各自为政。

3）规范全国监理市场秩序。包括企业的设立、资质管理、人员管理、外出经营管理、收费原则、监理合同的主要条款等，不得设置地方和行业壁垒，实行全国统一的开放市场，而且要令行则止。

4）规定监理的质量安全责任。由于工程监理的双重准入和管理制，对于监理的质量安全责任，应将监理单位的质量安全责任和监理人员的质量安全责任严格加以区分，应严格鉴定监理人员是否做了工作、是否尽了责任，不得随意强加责任和处罚。

5）进一步明确规定强制监理的范围。现阶段，现有国家法规规定的强制监理的范围，应进一步予以强调，可适当进行一定的调整，暂不宜作较大的改变。有关监理薄弱的地方还应从国家层面加强规定实施监理。

6）进一步明确和规定强制监理项目的工作内容、工作标准及人员配备标准，实现工程监理标准化、规范化。

7）明确各级政府关于监理的监督管理部门、监督管理的内容和监督管理的办法。

8）具体规定监理的法律责任，使各级政府有关部门做到对监理的处罚和处分，有法可依，有理有据。

3. 修改完善《建设工程安全生产管理条例》。

1）监理的安全责任的一些条文太笼统。如第十四条第三款，未明确监理单位和监理工程师应负什么责任。如第十四条规定“应按照法律、法规和工程建设强制性标准实施监理”和第五十七条规定“未按照法律、法规和工程建设强制性标准实施监理的”，都太笼统。第五十七条所述的处罚种类较多，但在什么情况下处罚不明确，容易造成处罚时畸轻畸重。

2）应明确规定监理人员在什么情况下应负刑事责任。没有法律条文明确规定的，监理单位不应负刑事责任。现有《建设工程安全生产管理条例》监理单位和监理人员的刑事责任混在一起，造成执法上的混乱。

3）明确规定监理人员的工作责任和行政处罚法则，明确规定监理人员履行了职责的，应免予行政处罚。

4. 根据《建筑法》和《建设监理条例》《建设工程安全生产管理条例》，相应修改有关规定、标准和规范。

（二）关系社会公共利益和安全的工程建设项目应进一步强化实行监理

1. 广义的强制监理任何时候都不应该取消

从广义来说，监理就是监督管理，凡是关系社会公共利益和公众安全的工程，都必须强化监督管理，强化对施工过程的控制，而且任何时候都不应该取消。从狭义的监理来说，是指由建设单位委托监理单位进行的监理，由于国家注册监理工程师的数量不能满足需要，其强制的范围或内容可以根据实际需要作适当调整。

2. 狭义的强制监理可以适当调整范围或内容，但不能取消

目前建设监理法规体系已基本成型，建设监理在全国范围已普遍推行，实施建设工程监理的项目不论在质量、安全以及投资控制、进度控制等方面都取得了较好的效果。随着我国新型工业化、新型城镇化的推进，我国的强制监理制度在相当长的时间内不但不能取消，而且只能加强。具体理由是：

1）我国建设工程的法律法规和诚信体系还不

够完善。当前，我国的工程保险制度尚未建立，建设各方主体的法制观念还不强，全国范围的诚信体系还没有建立，不惧后果的现象屡见不鲜，一旦出现质量安全事故，特别是出现了塌楼事故以后，追责都成为问题。

2）当前建筑市场比较混乱，工程违法分包转包的现象还比较严重，甚至层层转包、转好几包的现象屡见不鲜，工程质量和安全存在极大的隐患，如果取消强制监理，后果难以设想。如浙江省奉化市，二十多年前建成的楼房，由于当时没有实行监理，近几年出现了连续塌楼事件；至于危楼就更多，据北京青年报记者今年四月对该市的调查，已被评定为C或D级危房的目前至少还有35处。类似这种情况，估计在全国其他地方都不同程度存在。

3）目前还没有任何市场主体能够取代监理对施工过程进行质量安全控制。在施工过程中，只有项目监理机构全过程、全方位、全天候实行质量安全监控，并根据法律法规、勘察设计文件和工程建设合同文件，按照监理程序对施工阶段进行系统监管。如果取消强制监理，建设工程可委托监理也可不委托监理，结果会导致很多建设工程没有监理，导致施工阶段的质量安全缺乏过程监管，工程建设的质量和安全将会后患无穷。

（三）政府应统一建设监理的监管部门

1. 各级政府应将建设监理的监管的职责相对集中在一个部门，把管理工作做到位

当前，对监理企业和监理人员的管理分散在多个政府主管部门或一个主管部门的多个机构，容易出现监管缺位和错位。为避免这种现象的出现，建议将原来分散在多个部门的监理管理权归口集中于一个政府主管部门或一个政府主管部门的一两个机构。政府对监理的监管也应将强制监理和非强制监理区别开来。建议住建部成立监理司，省市自治区住建厅成立监理处，地市建设局成立监理科。

2. 各级地方政府建设主管部门应高度重视和支持建设监理，管好、用好这支队伍

目前，一些地方政府建设主管部门对监理的认识存在片面性，看到积极的因素少，看到负面的东西多，指导少，处罚多，制定与实施建设工程监管的政策或办法时，很少征询监理行业的意见，遇到和发现问题时，不是先调查研究再谈处理意见，而是一味责怪，甚至谩骂监理。这样做不利于建设监理的规范和健康发展。实践证明，凡地方政府和建设主管部门重视监理、支持监理，能够管好、用好监理这支队伍的，监理发展就好，监理发挥的作用就大；反之，监理发展就较差，监理工作也不规范，监理就难以发挥其应有的作用。如上海市政府吸取该市发生倒楼和大火事故的教训后，高度重视建设监理，以市政府名义公开发文，明确规定上海建设监理收费执行国家收费标准的上限（即监理收费基准价的1.2倍），并颁布《监理守则》，规定政府、建设单位和监理企业的责任，充分依靠行业协会，相信和支持监理，明确提出要使监理这个职业成为人们羡慕和尊敬的职业，建设监理现在发展得非常好，监理队伍的素质逐步提高，监理的地位和形象明显提升，监理服务的附加值也不断提高，监理发挥的作用越来越大，开始走上了良性发展的轨道，成为全国同行业学习的榜样。

3. 一切可以由行业协会进行管理的事务，政府应委托给协会负责

鉴于政府精简机构，公务员数量有限，对监理企业和监理人员的管理缺少精力和人力，政府应当依法把那些更适合通过自律性管理来实现的社会经济管理事务，通过立法授权或委托的方式，适时适宜地放权给行业协会，让内行管理内行，才能正在发挥监理行业管理的作用，实现社会管理的功能。

当前，建设监理行业协会可以承接的政府管理工作主要有：

1）注册监理工程师的注册管理和继续教育；

2）监理从业人员的培训上岗和继续教育；

3）对监理收费实行政府指导价的检查与督促；

4）发布非强制监理项目监理收费的统计分析数据，制定非强制监理项目监理收费的指导标准；

5）有关监理的行业数据统计与发布；

6）监理行业的评优表彰；监理行业优秀成果的总结与发布；

7）监理行业发展规划和工作标准制定；

8）现场项目监理机构的工作检查与考核；

9）监理企业和监理人员的诚信评价，等等。

（四）采取有效的法制措施确保监理有合理足够的收费

市场经济不是无序的自由竞争经济，而是法制健全的公平竞争经济。通过有效的法制措施，确保监理有合理、足够的收费，是建设监理制度健康、顺利发展的前提和基础。如果还是继续沿着“监理收费低—监理人员素质低—监理服务的附加值低”这三者恶性循环的路子走下去，监理也难以发挥其应有的作用；相反，如果政府能够下定决心，采取有效措施确保监理有合理、足够的收费，又能加强监管，建设监理的一切问题都可迎刃而解，建设监理对建设工程特别是对施工质量安全的作用将会越来越大。可以预料，如果监理有合理、足够的收费，监理工程师紧缺的现象在三至五年内就基本可以缓解，监理的素质、形象也将有根本性的改变。

1. 强制监理要有强制收费作为保障

凡需要强制监理的项目都是关系到社会公共利益和公众安全的项目，需要有足够数量和足够资格的工程技术人员进行质量安全监控，要做到这一点，必须有合理和足够的收费，否则，强制监理就会落空。现阶段执行监理收费的政府指导价是监理有合理足够收费的重要保证，因此，强制监理范围的监理收费的政府指导价绝不能取消。

2. 政府投资工程项目，应带头严格执行真实合理的市场价格

行业协会应在调查研究的基础上，定期发布合理的监理收费市场价或最低成本价。为了确保监理行业能引进和留住人才，行业协会应对当地相类似行业（如设计、施工行业）从业人员工资水平、监理项目的市场实际收费情况及监理相关的成本情况等进行统计分析，定期发布本地区监理收费的真实合理市场价或最低成本价。

3. 项目监理收费和人员配备，应全部信息公开透明，以接受社会监督

建议各地政府主管部门应该把在本地区的工程项目的监理收费和监理人员配备，放在网上实施信息公开透明，方便各级管理部门进行检查和行业监督，防止恶性压价竞争，确保监理服务到位。

（五）对监理企业实行严格的准入和清出制度

1. 适当提高监理企业资质的门槛

目前，监理企业的数量过多过滥，与监理资质准入门槛太低有关。如甲级资质在监理制度实行初期，需要 50 个注册监理工程师，之后减到 25 个，现在最低的只需要 15 个。建议适当提高监理资质准入门槛，甲级资质不得少于 30 名注册监理工程师，增加一个甲级专业资质，需增加 8 名注册监理工程师。

2. 加强监理企业资质动态管理

深入落实住房和城乡建设部《关于加强建筑市场资质资格动态监管完善企业和人员准入清出制度的指导意见》，建设行政主管部门要把对监理市场的动态监管与日常监管、质量安全巡查、执法检查等相结合，作为一项经常性工作来抓。行业协会可参与，除了严格把握监理企业准入标准、加强企业准入管理外，重点在三个方面加大清出力度。一是将那些通过买证、借证达到资质要求，取得资质后又转出人员的企业清出市场；二是将那些通过挂靠、转让企业资质，扰乱监理市场的企业作为重点监管对象，一经查证属实，坚决清出市场；三是对那些工作质量差、执业水平差、诚信记录差、有市场违规行为的企业要依法查处，及时给予处罚，情节严重的依法吊销企业资质，直至清出市场，为市场提供诚信经营的良好环境。

（六）加强监理队伍建设，改革专业监理工程师的设置

1. 设立两级监理工程师注册管理制度，解决注册人员不足的问题

建议参考注册建造师、注册结构师等执业资格分级设置的方式，设立两级注册监理工程师，即国家注册监理工程师和各省、市、自治区注册监理工程师。国家注册监理工程师可任大型特大型项目的总监；各省、市、自治区注册监理工程师可任中

小型项目的总监，并逐步实现专业监理工程师必须具有注册执业资格才能上岗的制度。其意义在于：一是保证监理人员的质量，从而保证监理服务的质量。注册监理工程师需要通过严格的学历、职称和工作经历等方面审查，有效防止不懂业务的人混入监理队伍。二是责任可以追查到人。如果赋予现场监理工作人员必要的资格，就能改变现在一些项目存在的现场监理人员不能签字，能签字的又往往不在现场的情况。三是使监理执业具有严肃性和规范性。适当放宽监理工程师考试的条件，吸收更多的工程技术人员进入监理队伍，就能保证有资格的监理人员数量，从而适应我国大规模工程建设的人才需要。

2. 建立健全监理工程师执业诚信档案和清退制度

各级政府主管或者注册管理机构要建立健全监理工程师执业诚信档案和清退制度，保证监理工程师能依照法律法规、标准规范和行业行为规范进行监理，对违法失信的行为要记入诚信档案，不合格的要清出监理队伍。

3. 强化监理从业教育培训，设置继续教育和工作业绩考核机制

建议政府委托监理行业协会负责注册监理工程师继续教育、监理从业教育培训和工作业绩考核，保证监理从业人员具备履行岗位职责的能力。

4. 大型企业应建立健全有效的内部培训机制

有能力的监理企业应建立健全企业培训机制，特别要重视对新入职人员的职业技能和职业道德培训。应建立监理示范团队、以老带新、工作交底等工作制度，并深入执行。

（七）关于制定监理企业及从业人员免责条件

为保证工程质量，促进安全生产，发挥建设监理“工程卫士”的主导作用，必须扭转监管部门政出多门，以行政指令明确事故责任的现象；防止出现监理行业效益滑坡、人才流失、人心思迁的局面。建议参照关文件，探讨监理企业及从业人员的免责条件，并以合适的形式由住建部发文明确，从而引领并推进监理行业的健康发展。

（八）严厉打击监理挂靠和虚假监理，坚决维护监理市场秩序

近几年来，监理挂靠和虚假监理现象时有发生。这严重损害了监理的形象，是行业内的“慢性自杀”，必须坚决禁止。

建议政府在调查研究和广泛征求意见的基础上，调动一切可以调动的资源，对监理挂靠和虚假监理作出明确的定义和界定，并制定处罚的措施。

政府行政主管部门要加大查处力度，态度要坚决，手段要果断，依靠一切可以依靠的力量，严厉查处监理挂靠和虚假监理，对监理挂靠和虚假监理造成重大工程质量安全事故的，应依法从严从重追究刑事责任。

（九）制订监理工程师职业操守规则，建立长效的诚信管理机制

监理工程师职业操守规则，是监理工程师在执业过程中的行为规范，应在原建设部《监理人员职业道德守则》和行业自律公约的基础上，并借鉴 FIDIC 通用道德准则和《香港测量师学会专业操守规则》，制定详细、具体、可操作的《监理工程师职业操守规则》，并明确授权各地行业协会监管。只有建立建设监理行业长效的诚信管理机制，才能保证建设监理持续的健康发展。

《监理工程师职业操守规则》的主要内容应包括：（1）遵纪守法规定；（2）履行职责规定；（3）技术水平和能力规定；（4）与同行相处规定；（5）廉洁自律规定；（6）违反规则处罚规定和程序；等等。

特别感谢以下人员及单位对本课题的支持（排名不分先后）！

北京市建设监理协会　李伟　　广东省建设监理协会　朱本祥

武汉华胜工程建设科技有限公司　汪成庆　　上海市建设工程监理咨询有限公司　龚花强

大型会展中心的监理实践

上海建科工程咨询有限公司　戴火红

摘　要： 大型会展中心由于建筑面积大、质量要求高、影响范围广，对监理工作提出了更高的要求。本文以中国博览会会展综合体项目为实例，总结监理在大型会展中心实践中关于质量、安全、进度、造价控制的经验教训，提出监理管理的创新措施，并介绍监理单位可提供的增值服务，为今后大型会展中心的监理实践提供参考。

关键词： 大型会展中心　监理实践　创新管理　增值服务

大型会展中心一般都具备政治性、时效性、强制性和科技前瞻性几个共同特点。政治性：大型会展中心需要满足特定的公共需求，代表了政府对民众或社会发展需求的积极响应，且许多会展中心涉及国际影响，具有很强的政治性。时效性：大型会展中心的政治性，赋予了它特定的时效要求，这种要求不但明确，而且不容延期。强制性：由于大型会展中心的政治性要求，并且均经过了各类专家周密的调研、规划、计划、设计、预算等前期工作，因而对于项目的质量、成本、工期等三个项目维度的要求具有不可变更的强制性。科技前瞻性：大型会展中心在满足民众或社会发展需求的同时，通常都代表某个城市或区域的形象，因而在建筑设计、用料、施工、管理等方面都可能涉及最新高端科学技术的应用。总而言之，大型会展中心在造型、结构、施工工艺等方面相对复杂或创新，具有一定的技术难度。

中国博览会会展综合体项目是目前全球规模最大、最具竞争力的一流会展综合体，它以造型别致的“四叶草”完美绽放，成为上海市的又一标志性建筑。项目要求荣获“白玉兰”奖，并争创“鲁班奖”，同时达到国家绿色建筑三星级标准。项目建设标准要求高，这对监理单位提出了严峻的考验，同时也极具挑战性。本文通过中国博览会会展综合体项目谈论大型会展中心的监理工作实践。

一、项目概况

1. 工程概况

中国博览会会展综合体项目总占地面积 85.6 万 m^2，建筑面积约 147 万 m^2，其中地上 127 万 m^2，地下 20 万 m^2，建筑高度约 43m。展览区域包括室内展厅（40 万 m^2）和室外展场（10 万 m^2）。建筑中央位置为配套商业中心，共 7 层。各展厅、商业等场所通过 8m 标高的高架步道连接。三栋办公楼及一栋酒店分布于整体建筑的四个端部。以上几大功能有机组合，形成以展览、商业活动、办公、酒店为主的现代化服务业聚集区。

中国博览会会展综合体项目全景图

工程于 2013 年 2 月 18 日开工，2014 年 12 月 31 日基本竣工。

2. 项目主要特点、难点

项目总建筑面积达 147 万 m^2，计划施工工期 842d，约 28 个月。但本项目与地铁二号线改造工程同步实施，受地铁保护严格条件限制，施工进度将受影响。同时，项目钢结构工程量大，总量约 12 万 t，且项目四个区域屋盖钢管桁架最长 420m，最大跨度 108m，最大高度达 6.7m，最大外挑跨度 39.6m，大体量的钢结构工厂制作及现场安装对施工质量、安全、进度控制都有较高的要求。工程高峰期工人数量超过万名，且地铁附近人流量每天达 4~5 万人次，对人员的协调管理及安全保护难度较大。另外，项目同时存在两家总承包单位，监理单位的协调管理任务艰巨。

二、项目监理组织体系

公司组建了以总监为现场总负责、专家咨询组提供技术支撑、常务总监代表、项目总工为核心的监理队伍，并按不同分项工程设置专业总监代表，分别构建不同的专业监理组，如土建专业组、机电专业组、钢结构屋面幕墙专业组、安全专业组等，并设置测量组、安全文明组、信息资料管理组、材料管理组和计量合同管理组。每个专业监理组按两个标段分成专业小组，小组成员各尽其责，充分发挥个人专业优势。实现按区域划分的质量、安全网格化管理。

三、三保一控严要求，创新管理寻突破

项目开工之初，部市领导会议确定工程以“三保一控”作为建设目标，即保质量、保安全、保进度、控投资。

1. 质量控制

1）补充制定质量管理制度

质量管理制度方面，在施工测量复核及抽检

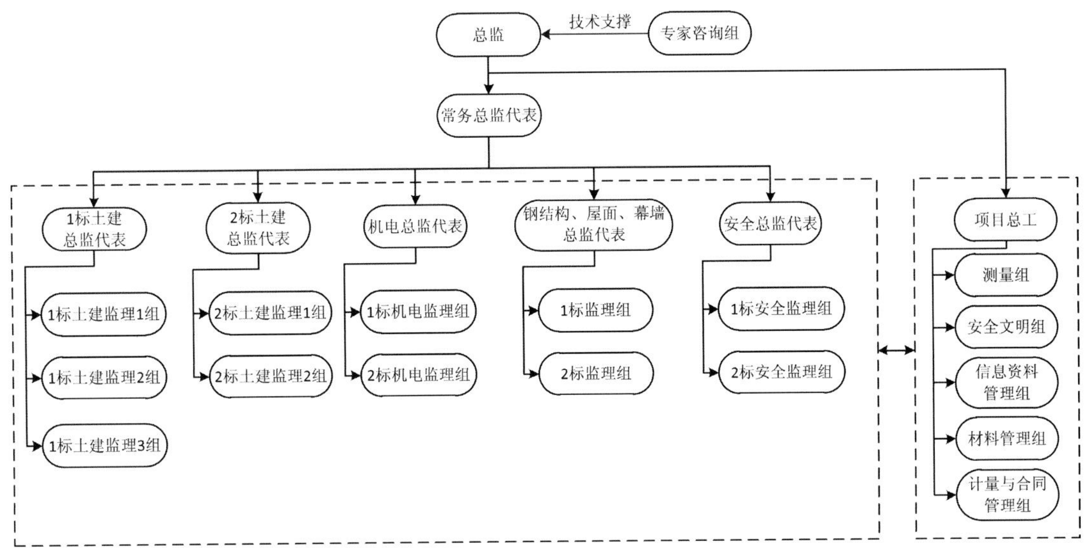

项目监理组织架构

制度、隐蔽工程检查验收制度、工程过程检验验收制度、监理平行检测制度、见证检验制度等常规制度的基础上，根据项目实际，先后又补充制定了首件样板验收制度、现场关键岗位操作人员技术考核制度以及进场成品钢筋红绿牌制度。

首件样板验收制度规定，凡现场第一次进行的工序和分项工程，如第一次验槽，第一块底板混凝土浇筑钢筋、模板验收，第一块高排架验收，第一榀钢结构桁架制作完成，第一次吊装、第一块地坪等，均需由具体施工方、总包方、监理、业主（必要时设计参加）共同组织验收，通过后再推广。

现场关键岗位操作人员技术考核制度要求钢结构现场焊接操作工、安装管道焊接工，在持证的基础上，须通过总包组织的现场考试，合格后才能上岗。

针对项目钢筋品种和批次多种多样，监理项目部特制定进场成品钢筋红绿牌制度。即已经现场抽样复试合格的钢筋，进场时一律挂绿色牌子（绿牌行），见到挂绿牌的成型钢筋，监理核对该批次并确认之前已通过现场复试后，马上同意使用。当某批次成型钢筋是第一次进场时，要统一挂上红色牌子（红牌停），现场材料员和监理见到挂红牌的成型钢筋，要专门堆放，禁止使用，马上组织取样检测，合格后红牌转绿牌。

这些制度的执行，对工程质量起到了较好的控制作用。

2）制定工程材料、设备及构配件质量管理办法

针对项目中经招标以及未经招标确定的材料和需特殊处理的材料制定范围界定和管理程序，并针对材料进场、供货商符合性审查考察、部分材料质量控制要点清单、封样、材料检测制定质量管理办法，确立施工质量处罚规定。

3）加强质量管理措施

项目建设体量大，原材料及钢结构的质量管理是确保工程质量的源头。故在材料进场前，除严格审查材料供应商的资质外，还需对重要材料设备进行实地考察。另外，对影响结构安全和功能使用寿命的材料设备，采用取样封存的管理办法。同时，针对钢结构生产，监理项目部在每个生产工厂指派富有钢结构生产经验的驻厂监理进行监督管理。此外，严格加强过程控制，做好监理内部培训交底以及对施工单位管理人员的交底。配合见证取样和平行检测，加大现场控制力度。

2. 安全控制

1）建立安全监理保障体系

针对项目特点，设置专门的安全文明监理组，建立安全周检、月检、专检制度，每周一有业主高层参加联合大检查，并形成检查记录。并组织所有施工方生产经理及安全员参加安全工作会议，通过对现场安全问题进行讲评宣传，树立整个工程安全大家齐抓共管的氛围。同时，要求施工单位每天将各专业班前安全教育会情况上传至微信平台，并提供影像资料。当现场出现较多安全问题时约谈施工方公司领导，及时管控项目施工整体安全。

为使工程安全、有序地进行，针对此次大型会展中心建立安全监理保障体系，以施工现场重大危险源的安全监控作为管理重点，督促承包单位制定完善各类安全施工方案，并在施工过程中督促其按批准的施工方案组织施工，监理人员重点抓落实情况。并要求施工总承包企业必须成立由主要领导参加的“安全生产领导小组”，建立安全生产组织网络体系，同时设立网格化管理组织机构。监理项目部也成立了专门的安全管理小组，实行安全网格化管理，重点抓总包人员到位、总包管理效果，并对每个网格区域的重大危险源，分阶段、分批次地进行巡视和专线检查，做到安全监理范围全覆盖、安全隐患提示不间断。

2）施工过程安全监理措施和手段

（1）吊篮的安全监理

由于项目所有展厅屋面檐口、结构外墙涂料全部采用吊篮进行垂直立体施工，现场吊篮的安装总数量高峰时达到420台，监理项目部特针对本次大型会展中心项目中高危作业设备吊篮的安装、移位创建样板示范管理措施，要求吊篮单位必须在现场进行吊篮的样板安装，样板安装的吊篮经检测或验收合格后，作为现场吊篮安装的样板，其他吊

篮都必须严格按照样板进行安装，吊篮的样板安装还必须符合验收合格要求，验收结果应量化，作为样板执行。

同时，项目部每天召开吊篮施工安全专题会，要求业主、安全监理工程师、施工单位主要安全管理人员、吊篮租赁单位驻厂技术负责人参加，会议针对当日吊篮使用及验收情况进行汇报，对出现的问题提出整改措施。

另外，每天要求施工单位安全管理人员、吊篮租赁单位设备管理人员对当日即将使用的每一台吊篮进行晨检，并将检查结果发布在微信平台，监理人员过程中抽检，如发现有未经晨检擅自投入使用情况，将在安全专题会上通报批评并采取惩罚措施。

（2）飞船的安全监理

大型移动式升降平台（俗称“飞船”）作为一项新型的施工工艺，属本项目危险性较大分部分项工程之一。本项工程“飞船”拼装共计 269 条，四个展厅“飞船”重复移位提升安装达到 610 条。

针对大型移动式升降平台，监理单位督促施工单位完善专项安全技术方案，严格规范专家论证程序，并每周对其安装及操作人员进行安全教育。在移动式升降平台施工前，监理项目部组织对安装单位进行技术总交底。移动式升降平台的制作过程要严格实行质量控制，监理单位与总包单位、安装单位共同对移动式升降平台的主体结构进行质量验收。且移动式升降平台的提升和下降要严格执行申报程序，监理单位全过程监控管理，并定期检查或不定期抽查，每周对其安装使用过程中存在的安全隐患以 PPT 的形式进行汇报分析，督促施工单位整改落实。在监理项目部安全专业组监理下，“飞船”以零事故、零伤亡稳妥有序地顺利竣工。

（3）高支模的安全监理

项目四个展厅高支模排架搭拆面积约 177 万 m^2，分别为碗扣式和钢管扣件式高支模排架，其中钢管扣件式高支模排架占到 85%，同时高支模排架搭设高度最高达到 15.9m。针对高支模搭设存在的安全风险，安全监理专业组制定了高支模二步一验收即加强过程验收的监管措施，同时也对施工单位高支模排架搭设过程中的技术交底、实施、过程检查、搭设架料、验收执行管理情况进行相应检查，对高支模排架支撑体系的构造系统刚度及稳定性执行安全验收，严格控制高支模排架支撑搭设及浇筑施工管理，使得本工程无一例模板排架支撑坍塌事故的发生。

（4）大型机械设备的安全监理

在本项目中，共计 55 台塔吊、近百台汽车吊履带吊等移动起吊设备，监理项目部对每辆流动起重设备采取挂准入启用验收牌的管理措施，将流动起重设备纳入管用结合、人机固定的监管之中。由于对流动起重设备采取了验收在前、使用在后的挂准入启用验收牌的管控，使流动起重设备在无固定的作业环境下始终处于可控状态。

3）制定安全生产处罚细则及奖惩规定

为使本次项目安全生产、文明施工且让社会、业主、施工单位三方满意，特建立安全生产奖惩规定，对安全管理、工程实体、安全文明施工、安全用电、安全技术、安全检查方面制定惩罚细则，并对出色的安全管理人员及敢于检举揭发破坏安全生产行为的个人提供奖励，有效保障施工过程中的安全管理。

3. 进度控制

在工程实施之初，监理项目部配合和协调参建各方制定设计出图进度计划、招标进度计划和施工进度计划，并进行了三个进度计划的统一，确保设计出图进度满足招标和施工进度，招标进度满足施工进度。

由于本工程工期紧，为确保工程按期完工，监理项目部始终坚持不以降低质量和增加投资为代价来换取工期的原则，最大限度地配合施工单位，实现零验收时间，在施工薄弱阶段及夜间施工实施全过程监理，确保施工现场每个环节施工作业不漏管，实现有效压缩工期的同时保证施工质量的目的。

同时，监理项目部每周召开进度控制周例会，核对上周及本周施工进度是否满足总进度计划的要求，及时督促施工单位保持与进度计划的统一，实现 147 万 m^2，22 个月基本竣工的突破。

4. 造价控制

监理项目部要求施工单位合理编制施工组织

设计，优化施工方案中人、机、料等各种资源配置。优化施工平面布置，减少因二次搬运或不必要的周转带来的机械费用。并对现场临时设施合理布置，减少临时设施造价和面积。结合绿色建筑实施的要求，有效进行废弃物统一管理。

在对材料、设备、构配件的选取过程中，协助业主进行材料比选和把关，积极提供监理单位意见，在满足设计和规范以及本工程要求的基础上，选取经济合理的材料。

监理项目部保证现场总体质量安全状况受控，并积极实施过程控制，有效避免因质量或安全问题造成的返工或经济损失。

5. 创新管理

1）微信平台

由监理项目部组建用于工作交流、情况通报、问题研究、经验介绍、进展汇报、共商决策等事项的微信平台。微信群成员包括建设单位、监理单位及各参建单位的项目经理、安全主管、安全员。监理项目部制定并发布《中国博览会会展综合体项目（北块）工程安全管理微信工作群管理办法》。微信群的日常维护管理由监理项目部指定专人负责。

本项目共组建“国展安全监理”、“国展一标安全管理”、“国展二标安全管理”三个微信工作群，成员包括建设单位、监理单位及各参建单位，其中“国展安全监理”群成员 21 人、“国展一标安全管理”群成员 79 人、“国展二标安全管理”群成员 48 人，每天三个群内发布的安全隐患整改及复查文字图片信息稳定至 150 条左右。通过这一创新管理方法，施工单位安全隐患整改效率显著提高。

2）PPT 开会制度

现场周工程例会、周安全例会、周质量例会、其他专题会议及各种会议均采用投影仪放 PPT 的形式进行，这种形式直观、清晰，利于工作人员间互相沟通学习，并能对出现的问题进行直观了解，便于进行下一步的现场协调。

3）基坑安全碰头会

本工程 E1 基坑紧贴包裹地铁二号线徐泾东站，必须确保运行中的地铁安全，监理项目部发起并组织施工、监测、业工、监理参加每日下午 4:30 召开的基坑工作专题会，结合施工工况分析监测数据，结合监测数据分析施工过程，一旦发生监测数据有异常趋势，即要求施工方按照方案要求采取措施，监测数据报警情况时，认真分析，及时与设计沟通（必要时召开专题会），采取适当、有效措施应对，确保二号线徐泾东站未因本工程基坑施工产生不利影响，保证地铁二号线徐泾东站的安全。

4）监理测量组联测复核

测量小组对每一个单位工程开工进行联测复核，监理每月联测一次，对整个项目的控制点及现场两大总包的结构进行联测，确保整个工程施工误差控制在规范允许的范围内。

5）总工关键技术方案把关

监理部项目总工除对监理工程师审批的一般性施工方案审批进行必要的了解复查外，对关键的牵涉到结构质量、施工安全的重要施工方案进行亲自审批，如排架搭设方案、基坑施工方案、16m 平台施工方案（排架搭设、大体积混凝土浇筑）、屋面钢结构管桁架吊装方案、移动式升降平台（俗称“飞船”）安装拆除方案等均亲自进行审查，必要时进行核算，实际审查过程中也确实发现了荷载取值与规范不符、计算工况与施工实际工况不符及计算错误等，确保了监理审批施工方案的质量。

6）监理内部管理

针对大型会展中心监理项目部内部管理特点，在内部管理上制定和完善了如下制度：员工考勤制度、监理人员绩效考核办法、内部奖惩制度、宿舍管理与卫生制度、办公室管理和卫生制度。

在员工考勤上，针对项目人员多、监理组数量多且分散等特点，在各个监理点和监理总部分别设置指纹考勤机进行指纹考勤，该项制度与措施有效保证了现场各类监理人员的出勤率。

针对项目监理人员建立监理人员奖励考核办法，以重奖励、严考核为基本原则，每月设置特别贡献奖，从考勤、个人监理日记、监理资料、监理审核、实体质量（安全）、发现问题（通知单、联系单）、廉洁等各方面进行考核，总监办每月考核一次，同时对发现问题、发现隐患等表现优秀的监理人员及时给予通报表扬并予以经济奖励，对于出现较多问题的个人及时进行教育，必要时处罚。

四、增值服务同管理，高新技术共协调

1. 想业主所想，提合理化建议

监理项目部为提高服务质量，根据自身对项目的理解，向业主提出切实可行的合理化建议，以提供业主满意的服务。

主要合理化建议如下：

1）关于大体量施工吊篮的安全监管形式

由于本工程吊篮采用非正常安装和正常安装两种，监理项目部针对这一特点，及时调整其管理结构，加大监理项目安全专业管理配置，并将吊篮的安全监督管理逐一分解为进场把关、移位把关、安拆把关、使用把关、检查把关，建立起吊篮的安全管理细分、安全标准细分、安全流程细分体系。

2）关于建设风险动态管控技术研究与示范

本工程建设体量大、工期紧、投资控制难、质量要求高、安保压力大，在诸多因素的交叉影响下，项目建设的质量风险、安全风险、进度风险、投资风险非常突出，使得项目管理“三保一控”的形势相当严峻。

基于对收集的类似工程风险案例的分析，建立项目建设风险知识库，对项目建设的投资、进度、安全和质量风险进行全面的识别和评估，建立多目标、全方位的风险动态管控体系。

2. 急业主所急，实现监理管理一体化

针对本项工程，公司配合建设单位组建了专门的项目管理团队，与建设单位工程管理人员一起参与工程项目管理。主要工作内容包括：

针对本项目建立项目管理框架体系，为建设单位梳理明确了部门职责分工，并制定了针对性的绩效考核办法和绩效合约；

为建设单位有效考核参建各方制定了参建各方的绩效考核办法和细则；

审核设计进度计划，及时比较设计进度计划值与实际值，并对设计图纸的收发及技术文件、图纸进行管理，配合业主组织设计交底；

协助业主开展招标采购工作，并根据项目总进度计划编制招标采购进度计划；

协助业主办理地铁保护区相关手续，并协助管理相关合同、方案及费用。

3. 提供技术支撑，实现三维可视化管理

本工程采用航拍技术对现场的场地布置和工程施工进展情况进行整体了解，通过不定期的航拍照片，实现了施工全程三维可视化管理。

航拍技术的应用对项目施工过程中的质量、安全、进度控制起到了积极作用，此项手段可为今后大型项目的施工提供监理管理思路。

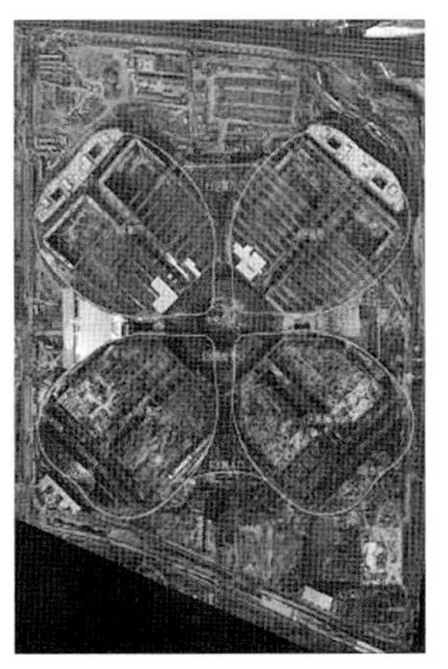

中国博览会会展综合体项目航拍照片

五、总结及展望

中国博览会会展综合体项目是大型会展中心的代表，对监理工作提出了更高的要求。监理项目部在原有质量、安全、进度、造价控制基础之上，不断创新，采用先进的管理手段及方法，并针对大型会展中心项目特点难点提出了针对性措施及建议，并以让业主满意为服务宗旨，提供切实可行的增值服务。希望本项工程的监理实践能为今后的监理工作提供借鉴，让监理实践工作在原有方法的基础上开创一个新的篇章。

用实干和品德铸就荣光
——山西省建设监理协会会长唐桂莲同志工作侧记

山西省建设监理协会理论委员会　刘喜鹏

众所周知，山西省社会发展水平和经济总量排序在全国大体处于中下位置，在中部六省也基本上排位第五。而山西建设监理特别是山西省建设监理协会的工作，近年来的排序远不是这样。

山西省建设监理协会1996年成立，在山西省住建厅所属协会中无论成立时间和协会规模都处于较后的位置。2006年11月26日，山西省建设监理协会换届，唐桂莲同志当选第三届理事会会长，之后的情况发生了明显变化。

首先，这届协会明确提出“三服务”办会宗旨，即强烈的服务意识、过硬的服务本领、良好的服务效果。其工作方针是：始终坚持为政府和企业搞好双向服务，切实发挥桥梁和纽带作用，一以贯之地落实到协会各项工作中。至今历时9年，协会出现了很多令人振奋和耳目一新的事。

——2011年、2013年，山西省民政厅两次授予山西省建设监理协会“5A级社会组织”；2013年11月，山西省人社厅、民政厅授予“全省先进社会组织”称号；2014年5月，山西省建筑业工会联合会授予山西省建设监理协会全省建筑业系统“五一劳动奖状”。这是山西省建设监理协会成立以来首次获得的殊荣。

2012年3月7日，唐桂莲会长在“跳出监理看监理”座谈会上

——山西建设监理理论研究蔚然成风，成效卓著。2009年中监协举办首届征文活动，山西监理协会推荐山西论文60篇，收入中监协首届《总监工作监理研讨会论文集》35篇，不仅数量第一，还占刊登论文总数的30.97%。中监协称：“一个地区协会组织撰写如此多的论文，开创了我国创建监理制以来的先河”。2012年6月中监协在西安举办第二次总监工作交流会，本次《总监工作理论研讨会论文集》共收入论文337篇，其中山西62篇，占刊登论文总数的18.40%，论文数量又排首位。中监协称：“山西建设监理理论研究工作，是全行业的一面光辉旗帜。”

——不仅论文多，山西监理协会的会刊《山西建设监理》越办越好，发行量逐年增加，有些文章还被兄弟省协会会刊转载，很受业内人员关注。中监协副会长兼秘书长修璐2014年9月12日在《中国建设监理与咨询》编委会第一次工作会议讲话中指出：“《山西建设监理》就办得很好，内容丰富，质量高。”并将《山西建设监理》与上海、江苏、浙江先进地区监理协会的刊物并列予以肯定。

山西监理协会的网站，也很受社会欢迎关注，成为监理人员学习交流的平台，现日点击率达2000多次。

——山西省建设监理协会自2006年11月换届以来，行业生态良好。虽然山西监理原来基础差、发展慢，但从 2010 年~ 2014 年 5 年监理统计数据表明，山西省建设监理行业主要统计指标增比都较高，监理也没有发生被追究责任的大的工程质量安全事故以及腐败、违纪案例，呈现平稳的发展态势。

全省监理行业的文化建设、理论研究、服务企业、创新发展、信息化建设等各项工作都有了长足进步。

——2013 年 3 月，唐桂莲同志在中国建设监理协会换届选举中当选为中国建设监理协会第五届理事会副会长，是山西协会首次获得这样的职务；2014 年 9 月《中国建设监理》由内部刊物改为《中国建设监理与咨询》公开刊物，唐桂莲同志推荐为由 20 名专业人士组成的编委会委员；2015 年《建设监理》又聘请唐桂莲会长同志为该刊编委；这不仅是对唐桂莲同志个人工作的高度认可，也是山西监理行业的荣光。

对一个经济尚欠发达地区的监理协会来说，在短短 8 年时间取得如此丰硕的成果和明显变化，是十分不易的事。何以至此？除山西省住建厅、中监协正确领导、大力支持和全省监理同仁的共同努力外，与唐桂莲会长长远谋略和科学决策有密不可分的直接关系。

干一行 钻一行　放在哪里都发光

唐桂莲同志来协会之前是山西省住建厅党组成员、纪检组组长。来厅之前主要在省纪检监察部门工作，期间，外传她曾率队办过不少复杂疑难大案；在省住建厅任纪检组长 8 年间，勇于担当，创新纪检工作方式，狠抓廉政建设，关口前移，重在教育，取得显著成效，口碑颇佳；并在工作实践中十分注重学习同工作结合、缜密思考，收集积累了大量案例资料和富有哲理性的经典论述，以此为素材，主编了《人生警示录》一书，并于 2007 年由山西教育出版社出版。全书约 50 万字，共 15 篇，独立成章，涉及做人、为官、修养、古鉴、感悟等古今中外大量书刊内容，能给不同层面的读者以启迪与警示，使之从中获益，堪为纪检监察行业一部有实用价值的好书。如果没有高尚的思想境界、执着的敬业精神、深厚的文化底蕴和顽强刻苦的学习毅力是无法完成这部书的主编工作的。

从事监理协会工作后，立即扑下身子深入企业调研、拜访监理行业前辈，虚心学习，潜心钻研监理业务，很快进入了角色。上任不久就明确提出了协会“三服务”的办会宗旨，并一以贯之地狠抓落实。

首先，启动三本书的编写。

2009 年 6 月，协会决定组织业内资深专家、教授编写三本书。其中《监理论文集》、《建设监理常用法律、法规文件选编》于 2010 年 9 月相继出版并发放使用。另一本《建设监理实用手册》由于编写内容、体例、体量难于把握，虽几易其稿终难成书，面对几十万字的书稿再改难度很大，无人愿继续修编工作。唐会长既具已定之事必须完成的秉性，又具乐于奉献、敢于担当的魄力，于是她亲自出马，另组编写班子，亲自抓办这项工作。她根据国家相继发布《建设工程监理合同（示范文本）》、《建设工程施工合同（示范文本）》和《建设工程监理规范》新内容为契机，结合当今施工现场监理工作的实际，提出编写内容应作相应调整并需以此规范监理行为的新要求，锐敏地抓住这一良机，果断地调整了本书的编写内容和体例：即“既可随身携带查阅、自学提高、又能指导工作、帮助解决实际问题的问答式工具书”，旨在为一线监理人员答疑解惑，或从中找到解决问题的思路和方法，编写内容要突出“实、全、新、简”，并将书定名为《建设监理实务新解 500 问》。唐会长不仅亲自撰写本

2009年4月24日，唐桂莲会长、王雄秘书长等到重点工程太原南站站房工地慰问监理人员

书前言、征订书名、组织专家修改，还利用赴京开会机会恳请时任住建部郭允冲副部长为之作序，并商同由中国建筑工业出版社印刷出版，面向社会公开发行，历经三年终于完成该书。发行后很受欢迎、反映良好，一度还发现过本书的复印本。不仅成为山西省监理人员手头必备的工具书，湖南、陕西等十多个省的监理企业曾争相购买。

其二，开启《山西省建设工程监理行业统计分析报告》的编写。

协会要实施科学管理，必须做到胸中有"数"，监理行业的情况和问题也应以数量形式显示。为此，对国家公布的监理统计数据进行整理和科学分析，揭示山西省监理行业总体情况和存在问题，这不仅为监理人员理性判断和工作谋划提供依据，同时也为山西省住建厅科学决策、对行业科学管理提供数据支撑，体现协会的"桥梁纽带"作用。为此协会立即开启这项工作，唐会长对此不仅高度关注，还直接指导数据整理分析工作。

山西监理 2010 年的《分析报告》，用数字和图表展示了国家自 2005 年开始实行监理统计报表制度以来至 2010 年 6 年间，山西省监理事业发展的基本走势，与全国监理事业发展变化进行对比分析；对 2010 年山西省监理企业的组织状况、人员构成、企业经营状况、企业收入排序等以文图并茂的形式与全国监理同类指标进行对比，并提出分析意见。

这个分析报告发出后，真可谓是一炮打响。在山西建设行业引起很大反响和关注，省住建厅领导给予高度评价，要求住建厅所属协会都应像省监理协会那样对本行业提出类似的分析报告。其间，有些部门还邀请这个报告的编写人员去参与他们的编写工作。

2010年3月21日唐桂莲会长在三届三次理事会上

2011 年，协会对分析报告又进行充实提高，增加了山西所在的中部六省和其周边四省监理统计数据的横向比较分析，以期进一步明了山西省监理行业发展的客观情况与兄弟省份的发展差距，并更名为《山西省建设工程监理行业发展分析报告》。到 2015 年，坚持每年都编写这样一个报告，至今已连续编写了 5 个分析报告，这项工作已成为协会的一个常态工作。

其三，开展创建学习型监理组织与"书香监理"活动，进一步推动深化理论研究工作。

2010 年，协会在全省发起创建学习型监理组织与"书香监理"活动，全省监理行业积极响应，呈现出前所未有的学习热情并开花结果。至 2013 年底，协会对涌现出的先进学习型监理企业和先进项目监理部进行表彰奖励。唐会长不仅发起了这项活动，还为读书成果《硕果》一书撰写热情洋溢的前言，从中可见唐会长付出了多少汗水和心血。

协会对理论研究工作不断引申，围绕应对取费价格放开、安全责任、人才匮乏、诚信自律、市场规范、专业技术等热点、难点，提出理论研究课题。"两委"成员带头撰写质量较高的监理论文，从业人员广泛参与，协会努力创造氛围，主要体现在：

专家引领、质量渐高。协会每年召开山西监理"理论委"和"专家委"两委工作会，针对行业发展的重点、热点、难点，确定每年的理论研究论题。"两委"成员带头撰写，为全行业理论研究工作示范引领。我省的监理论文每年在《中国建设监理与咨询》《建设监理》《山西建筑》国家三刊物和外省刊物的发表数量都呈上升趋势，质量渐好，有的文章甚至被多刊物转载，受到了外省行业协会的青睐。

措施激励、全员参与。协会采取及时公布论文数量排队信息；通联会评选优秀论文；奖励发表论文作者等办法激励。通过以上措施，许多企业领导越来越重视理论研究工作，不仅提高了队伍素质，还有力地提升了监理一线从业人员的写作热情，他们纷纷投稿，论文数量在每年的基础上都有新高，从 2012 年不足 100 篇到近年增至 400 余篇。整个行业呈现出互学互比、你追我赶、先量后质、逐年渐高的明显效果。

其四，大力推进企业网站建设。

当今时代，信息网络成为日益创新驱动发展的先导力量，也成为推动经济发展、传播先进知识的重要手段，更是监理行业实现转型升级的关键举措。协会基于这样的认识和评判，为着力解决监理企业运用信息技术普遍滞后问题，2013 年，协会把推动监理企业网站建设列为重点工作。

首先，协会发挥示范引领作用。责成专人并聘请建网专家对协会原有网站进行扩版扩容成功改版。新网站使人耳目一新，备受关注，月点击量达 13000 多人次。

另一方面，积极引导有条件的监理企业尽快建立网站，融入互联互通的网络世界，以此引领推动行业发展。协会专门召开“监理企业网站建设推进会”，唐会长不仅策划了这个会议，还亲自参会并作讲话。为切实推进建站进度，协会还逐月发布会员单位建站情况，以资激励鞭策。这项工作很有成效，截至 2015 年，仅甲级监理企业建起的网站就达 50 余家，占现有甲级企业总数的 80% 以上，部分乙级企业也陆续开始建网站。

其五，相继成功举办监理规范知识竞赛和责任心演讲比赛。

为推动监理人员学习运用新版《建设监理规范》，协会号召会员单位广泛开展各种形式的以学习运用新规范为内容的学习活动。在企业自己组织学习的基础上，协会组织全省监理企业 200 多人进行两天的初赛，并于 2014 年 10 月 21 日，在太原进行总决赛，共有 6 个代表队 20 人参赛。这项活动大大推动了一线监理人员学习运用新版《建设监理规范》的热潮，并受到省住建厅和监理行业高度赞扬，认为这不仅是一次监理知识竞赛，更为重要的是一次监理知识的学习普及教育活动，是一次群众性的学规范、懂规范、用规范、提升全行业监理水平的活动。

善做善成、善始善终。活动结束后，协会又召开座谈会，认真进行总结，大家高度赞扬协会在活动组织工作中的精细、公平、公正、高效、有序，体现了协会的工作水平和服务能力。

2015 年，在住建部强力推进工程质量治理专项行动的形势下，为提高监理从业人员的综合素质，树立讲责任、讲奉献的精神，进一步增强从业人员的责任心和使命感，增强服务工程质量专项治理的行动意识，唐桂莲会长在年初理事会工作报告中提出了举办以“增强责任心”为主题的演讲比赛活动，并进行安排部署。

比赛活动文件下发后，立即得到了广大监理会员企业的积极响应，纷纷组织本企业来自一线的项目总监、专监、监理员、资料员等不同层次、不同年龄的人员报名，有的企业甚至就此项活动专门成立工作班子，进行严格筛选、优中选优。历时 3 个月时间，经过初赛、决赛的激烈角逐，各类奖项名花有主，协会用近 3 万元现场激励奖励。

在决赛中，有幸邀请到省、厅级 4 位新老领导莅临现场指导，为使活动更加公平公正，唐会长还邀请到省文明办、省工会、省委党校、省财经学院、省住建厅、省民间组织促进会等厅局、部门领导担任评委，极大地提升了决赛活动的档次与水准，扩大了监理影响，鼓舞了士气。选手用自己的感人经历和真挚情怀展示监理人立足本职、诚实守信、爱岗敬业的精神风貌，参赛选手的讲演一次又一次赢得观众和评委雷鸣般掌声。省住建厅党组成员、总工张学锋在观看演讲后动情地讲：“举办这种活动，不是上级规定的动作，是协会的自选动作，这是他们强烈的服务意识和责任心的体现。演讲比赛圆满成功，映射出协会良好的执行力。参赛选手慷慨激昂的演讲，展现了山西监理大军的实力和风采……”活动结束后，《山西日报》《山西青年报》分别刊登协会举办此次演讲比赛消息，宣传山西监理人讲责任、讲奉献的精神和立足本职、爱岗敬业的风采，扩大和提升了监理行业的影响和社会地位。

紧接着，协会还组织召开了演讲活动总结座谈会。评委代表、获组织奖单位和进入决赛的部分企业以及参赛选手共 20 余名代表参加。大家一致认为：在目前市场不景气、行业发展困难的情况下，演讲比赛展示了全行业人员的整体面貌和对行业发展的信心和勇气，是一场振奋人心、鼓舞士气的文化盛宴。

两次活动结束后，唐会长都亲自对每位选手资料进行反复修改，并将整个活动过程编辑彩印成《专辑》，留作纪念，还分发到各会员企业和参赛选手本人，让美好的瞬间成为永恒的记忆，激励行业广大从业人员认真履职。

其六，连续七年奖励创优企业、慰问监理部。

协会连续多年拿出近百万元资金，对共创国家优质奖工程的监理企业、项目总监和进入全国百强的监理企业以及在《建设监理》、《中国建设监理》、《山西建筑》等三个国家级刊物以及外省刊物刊登的我省监理文章的作者进行奖励；还多次对监理转型实施多元化发展企业、诚实守信项目监理部、优秀总工、“五四”杰出青年总监等进行表扬；并通过网站、简报、会刊等进行宣传，为行业发展“树标杆、鼓士气、创氛围”。

协会连续七年在炎热的夏季“五一”，带着慰问信和茶叶、牛奶、矿泉水等消夏慰问品到项目监理部慰问送清凉，给一线监理人员送去浓浓的关爱之情和丝丝的清凉之意。监理部全体人员深深感受到协会领导的关怀，达到了“慰问情、暖人心、接地气、鼓干劲”的效果。

近年来，山西协会的工作真是风生水起，做了很多可圈可点的事，难于全部列举，仅就上述六项工作就可看出，协会工作不仅卓有成效，而且件件都抓到了点子上。

毫不夸张地说，唐会长真是干一行钻一行，放在哪里都发光。

真抓实干　精密谨慎

现仅就我亲历或亲见的一些事，如实地记述唐会长的一些工作情况。

山西协会的会刊《山西建设监理》，是监理行业和地方协会中大家认可的办得较好的刊物之一，以版面新颖、知识性、可读性强著称。依据每期内容分别设置“卷首语”、“会长推荐”、“特别关注”、“经典书评”、“他山之石”、“企业亮点”、“警钟长鸣”等专栏加以刊载。因其内容新颖、深邃、紧扣时代脉搏，使人喜读爱看、给人启迪、警示。如果不是“博览群书”、心系监理、用心寻觅，是无法获取如此之多且有价值的资料的。

广泛阅览，为监理寻觅精神食粮。我在唐会长办公室见到案几上摆放着大量资料，不仅有《建设监理》、《中国建设监理》、全国地方监理协会的会刊、文件以及行业内的业务书籍，还有《人民日报》、《中国建设报》、《山西日报》、《南方周末》等地方性报纸。书橱中放满了与监理业务相关的专著和工具书。唐会长曾多次向我介绍她剪贴或圈划出的文章并说明计划用在何处。触景生情，随着现代传媒的流行，多数人对这些“文章故纸”已不屑一顾，不愿再花精力干这些事，唐会长却一直坚持并乐此不疲，对此我深为感佩。联想到《山西建设监理》中的专栏以及刊物空白处的补语插话，无一不凝聚着她的心血。

夙夜在公，假日工作成常态。唐会长常说：她不会打扮、不喜旅游、不出国、不应酬，就喜欢干点实事。在外地开会不是她必须出席的都是派其他人员参会，就连中监协的办公地她一次都未去过。我多次见到唐会长在节日小长假之前，向相关人员索要待办的资料，她说要带回家趁节假日过目修改，假日工作已成为她度假的常态。我亲历了已出版的4个《山西省建设监理发展分析报告》以及《建设监理实务新解500问》的序言以及协会的每期会刊、简报等的成稿，件件都是经过她多次甚至几十次反复修改，且大都是下班后在休息时间完成的。

细致缜密，亲力亲为。唐会长是一位十分细心的人，细致缜密是她的工作风格。比如，协会召

2014年10月21日，唐桂莲会长在监理规范知识竞赛决赛现场和获奖人员合影

开的一些大型会议的组织安排、会议资料等都是无可挑剔的，受到广泛称赞，这都与唐会长亲力亲为有关。她不仅亲自把关，连会场的会标、标语都亲自选定，并像“弹钢琴”那样，把事情安排得井井有条。2013 年中监协在山西召开全国监理协会秘书长会议，对山西协会提供的服务工作均予广泛好评和赞许。中监协在给山西协会的感谢函中写道：“在资料准备、参会代表接送站、会议报到、会议服务等多个方面均给予了全方位支持”……“高质量、高标准、高效率地完成了会议的各项工作，得到了全体与会代表的肯定与赞赏，为会议的成功举办提供了坚实的保障”。

细节决定成败，实干才能兴邦。唐会长为协会忘我工作，几乎成为她生活的全部，这也是唐会长退休后再获事业成功的关键所在。

小胜凭智　大胜靠德

我曾在山西省建筑企业和建设系统工作多年，之后又在以对外承包工程为主业的国际合作公司工作，是退休后才干监理的一个老同志。我不仅亲历亲为了山西建设方面的一些事，而且至今还未离开监理。因这层关系，对山西省监理协会历届领导乃至山西省住建厅所属协会的一些领导大都有所了解，往往情不自禁地用纵向对比、横向观察的思维去思考一些问题。一些协会中的领导都是所在行业的行家，有的还是专家、精英，都曾有过堪人称羡的业绩。唐桂莲同志是从党务纪检系统跨行业到建设监理协会工作的，同行业专家相比，专业生疏需要她比同行付出超倍的辛苦，上任至今只有九年，为何能做出如此之多的辉煌业绩且令人公认？我曾深思不得其解。一个偶然机会我见到由唐桂莲主编的《人生警示录》，通读之后恍然大悟，唐桂莲同志出书不仅为启迪、警示世人，也在以此书律己、规范她的人生，从而产生强大的内生力量。

该书指出：“人立天地间，品德贵为先”（12 页），“好官三个标准：行得正、吃得苦，干得实”（34 页），“做人之道，道德为本；处事之道，公正为先”（25 页），“莲，因洁而尊；人，因廉而正”（89 页），等等。还用古鉴和当今案例阐明：处事要公，因公生明；律己要廉，因廉生威；待人要诚，因诚生信；工作要勤，因勤生效。

我梳理了唐会长来监理协会的一些往事，她上任伊始就明告：服务是行业协会永恒的主题，想问题、做决策，时时、事事、处处都要为企业着想，尽心竭力为企业办事，为行业服务；在协会工作中，每当出现纰漏，她总是首先承担责任，然后才批评相关人员，依照规定需要处罚时，她总是先重罚自己，然后才处罚相关责任人；对协会的物资采购，她从不个人独断专为，为减少漏洞、节约费用，她开创了协会印刷、采购招标制度，许多重要的事都是在协会全体工作人员会上决定，公开透明，不仅大大节省了支出，堵塞了可能引发腐败的漏洞，还体现了公开、公正；特别是涉及金钱利益之事，她十分谨慎，她的公开、公正让人折服，唐会长多干少取的品德更是令人敬佩。

由此我想起香港富商李嘉诚的一句至理名言：“你和别人合作，假如你拿七分合理，拿八分也可以，那我们李家拿六分就可以了。”不少商人以此经商也成了巨富（如台湾全盛房地产开发商林正家）。唐会长所拿的报酬不用说六分，连四分都不到，这是不争的事实，正是“莲，因洁而尊”。道德和人格魅力激发的能量是十分强大的，就以协会“两委”（专家委员会和理论委员会）来说，其成员都是山西监理行业业务造诣较深、各有所长的人士，由于唐会长平日对他们真心关爱，特别是她的高尚道德、敬业精神和人格魅力的影响，“两委”委员与她都有良好的人际关系，如果唐会长监理协会有事相求，这批人可以说是招之即来、有托必办、竭尽全力、不讲报酬且心甘情愿。这股力量既提升了协会的业务能力，也弥补了她在专业技术知识方面的某些短板。中国有句古话叫“小胜凭智，大胜靠德”。这话验之当世也是“喻世明言”。

我对唐会长深感敬佩的同时，也衷心祝愿山西省监理协会在省住建厅和中监协的领导关怀下，永不停步，再创新的辉煌。

执业诚信应是监理企业的自觉行动

江苏建科建设监理有限公司　陈贵

市场经济是信用经济，要求市场主体必须重合同守信誉。在改革开放的当今，我们更应该弘扬中华民族的传统美德，建立与当代经济社会相适应的诚信体系，努力建设诚信社会。党中央、国务院高度重视社会信用体系建设，2014 年国务院下发了《社会信用体系建设规划纲要（2014~2020 年）》，中国社会诚信建设已成为国家发展的首要战略任务。

监理制度是建设领域改革开放的四大基本制度之一，本身代表了先进的工程管理制度、先进的工程管理方法，应该而且可以发挥建设领域诚信建设的引领作用和制约作用。监理不仅是建设领域三元管理模式的主体之一，而且在具体的工程项目管理中处于关键地位。建设单位、设计单位的建设意图通过监理单位下达，施工单位的工作质量要监理单位检查验收确认。监理本身的诚信行为，不但创造了整个工程项目的诚信条件，而且具有不可替代的规范作用和制约作用。

一、建设工程监理执业诚信的现状

2007 年国家建设部下发了《建筑市场诚信行为信息管理办法》，要求建立健全信用档案管理制度和失信惩戒制度。国家住建部和各有关单位积极推进，建筑行业社会信用体系建设取得积极进展。但是，建设领域诚信的水平总体不高，各种不良行为、失信现象普遍存在，已严重制约了建筑业的健康发展，成为社会不和谐因素，必须引起高度重视。

监理单位在执业中的失信行为，主要表现有以下几个方面：

1. 在经营活动中弄虚作假，不讲诚信，伪造、出借、转让监理资质证书，伪造、假冒监理人员证书。为了中标，不惜随意压低监理取费、随意作不切实际的承诺。

2. 中标后不严格履行合同，工作马虎、不负责任。质量、进度、投资失控，不能满足工程项目的实际需要；合同规定的责任义务甩到一边，“踢皮球”、“打太极”。

3. 中标后不按合同约定配备资源，仪器设备和主要人员配备严重不足或与事先承诺不符。有的总监长期不到岗，主要人员变更没有手续；以不符合资格的人员担任总监、总监代表、专监。

4. 监理水平差，对施工过程只能走流程（盖章）；对应当检查的部位不检查、对应当验收的部位不验收；甚至与施工单位或建设单位串通，降低质量标准，把不符合或不完全符合的材料、设备、施工工序作为合格验收。

5. 不按合同约定审核工程款支付申请，不按合同约定办理计量、签证、索赔事项；对施工单位损害建设单位利益的行为，睁一只眼闭一只眼。

6. 部分监理人员职业操守差，在工程检查、验收时，利用手中的一点小权（签字），存在吃、拿、卡、要行为，个别监理人员数额甚至较大。

二、花大力气打造监理企业的诚信度

监理行业诚信的发展（诚信成熟度）需要整个社会诚信体系支撑、保障，同时，监理行业诚信也可以促进整个社会的诚信体系建设。监理行业是社会的一部分，应主动分担促进整个社会的诚信体系建设的责任，从我做起、从现在做起；监理行业诚信体系健全了，诚信成熟度高了，对整个社会诚信体系是重要贡献。作为监理企业，就应花大力气打造监理企业的诚信度。

1. 强化企业诚信是公司安身立命之本。从根本上讲，监理企业要生存、发展、壮大，就必须坚持诚实信用。监理企业和监理人员是社会的细胞，监理行业诚信在整个建筑行业中，是至关重要的一环。公司加强学习宣传，提高诚信是企业的生命的认识，在诚信与经营、诚信与服务的位置关系上，始终把诚信放在首位。公司注意处理好与政府层面的诚信、与社会层面的诚信、与员工层面的诚信这三个关系，把监理诚信执业变成监理企业的自觉要求。

2. 公司把经营投标和履行监理合同责任作为诚信建设的两个重点。公司注意整治这两方面存在的不诚信、不规范行为。公司在贯彻执行原建设部《建筑市场诚信行为信息管理办法》（建市 [2007]9 号）、江苏省住建厅《关于进一步加强我省建设工程监理管理的若干意见》（苏建工 [2007]168 号）、《江苏省项目监理机构工作评价标准》（苏建函科 [2010]757 号）、《江苏省建筑业企业信用综合评价办法（试行）》（苏建建管 [2013]662 号）等有关文件时，注意领会文件规定精神，逐条对照检查，纠正经营投标过程和履行监理合同过程中任何失信行为及不良行为。在企业内，营造鼓励诚信、表彰诚信、反对失信、纠正失信的氛围。合同规定的 22 条监理义务，要求逐条贯彻落实。有的业主提出了一些超越合同条款的要求，要实事求是分析，做得到就承诺，承诺了就必须做到。

3. 公司把诚信执业作为核心价值取向，贯穿整个管理过程。从公司、事业部、项目监理部、直至全体员工，要求全天候学习提高、全方位排查问题、全过程诚信评价、全身心公开承诺。对于监理人员，多次进行诚信执业的专题教育，有布置、有检查、有考核、有奖罚。对部分工作不负责任、不能认真履行监理合同责任、不讲原则甚至以权谋私的人员，决不姑息，降薪降职，直至开除。近几年来，公司已处分 12 人、开除 5 人。

4. 公司注意抓项目监理机构的合同诚信。项目监理机构认真履行监理委托合同、全心全意为业主服务让业主满意，是最大的诚信。根据《建设工程监理规范》GB/T 50319、《江苏省项目监理机构工作评价标准》（苏建函科 [2010]757 号），公司制定了专门的项目监理机构检查考核表，分为 36 个检查项、135 个检查子项，检查项涵盖了监理的所有工作（质量、进度、投资、安全、合同管理）和监理执业诚信的内容，要求不折不扣做到位。工程开工前，由公司质量技术部对项目监理机构进行约谈交底，交底内容包括质量控制要点、安全管理要点、职业操守要点，交底形成记录，双方签字留存。为了检查监督项目监理机构的工作质量，公司划分了两个管理层次，进行制度化、规范化检查监督。检查监督分为普查和抽查，普查每年两次，覆盖全部项目；抽查以问题多、隐患大的项目为重点，但不少于第三个月抽查到一次。所有监理资料要求真实及时。在检查中，若发现受检资料是为了应付检查伪造或后补的，一律按零分处理。考核成绩与项目评价、年终奖罚挂钩。当业主对我们的服务满意了，企业的诚信度自然就高了。

5. 公司以诚信为核心价值观，围绕项目监理机构和员工个人，做好几件实事。一是明确员工的主人翁地位，统一劳动用工合同文本，相同岗位统一工资报酬。五险一金交纳比率、劳动保护用品、节假日福利及加班费发放、新进人员试用期、党团工会组织建设等，全部按国家现有政策执行。二是建立员工信息档案库，员工生日短信祝贺，员工婚丧大事给予慰问。三是成立员工互济会，员工自愿参加，每人每月交纳 10 ~ 20 元互济金，公司给予一定补助。对章程规定的大病患者给予 1 ~ 5 万元救济；四年来已救济 9 人。四是将诚信内容和项目监理机构的年度考核考评挂钩，在质量体系内审和年终考核时同时考核其履行监理合同及业主满意度评价情况，奖优罚劣。五是鼓励项目监理机构和员工超合同约定为业主提供额外服务、超值服务。应以过硬的业务水平和技术能力为业主提供技术咨询、工程咨询，提供合理化建议。这样，业主通过我们的服务获益，我们也提升了信誉，扩大了业务渠道。

6. 公司注意重点解决个别人员存在的职业操守问题。目前建筑市场监理的职业操守形象不佳，实际上是个别企业、少数人员的问题，害群之马影响了舆论评价。公司重视个别人员职业操守问题对大局的影响。制定了《监理人员职业道德基本规定》，共计十六条，要求所有的项目监理部认真执行。《监理人员职业道德基本规定》由项目监理部统一发给所有参建单位（建设单位及施工单位），并张贴上墙。《监理人员职业道德基本规定》附上专门设立的公司举报电话和举报邮箱，便于参建单位随时进行监督。对新开项目，公司在进行质量技术交底的同时，进行职业道德交底和诚信教育。平时主动征求参建单位对监理职业道德和诚信执业方面存在的问题，认真对待参建单位对监理工作及职业道德、诚信执业方面的投诉，做到事事有回音、件件有落实。对个别人员存在的吃、拿、卡、要问题，一经查实，立即果断处置。处置措施包括退还、检讨、扣除资金、降低薪金、辞退。最近 5 年，已处理职业操守问题 7 件，辞退 11 人。同时，公司通过会议，进行典型案例分析，提高监理人员的警觉性。

7. 公司在人力资源管理中加大诚信考核、诚信评价的力度。对项目监理机构、监理人员的考核评价要把重诚信、重职业道德放在首位，在人员招聘、人才引进、末位淘汰、机构奖罚等方面，加大诚信的比重。对职业道德好、工作责任心强但工作经验少成绩稍差的人员，以鼓励为主，可以再安排 1 ～ 2 次岗位交流、给予再次学习锻炼的机会；而对那些虽然工作能力较强但在职业道德和工作责任心方面存在问题的员工，则毫不手软地进行处理。

8. 公司注意加强企业文化建设。把守法经营、诚信执业、廉洁自律，作为公司企业文化的重要内容，大力弘扬。公司开展了新老员工的师徒制，保证每位年轻员工都有人辅导，辅导内容包括专业技术能力、工作方法和职业道德、诚信执业。每年召开 2 ～ 3 次年轻员工交流座谈会，听取年轻员工的意见、检查师徒制的执行情况。公司将开展学习型企业、学习型员工作为大事来抓，每年进行一次评比表彰。5 年来，已有 13 人被评为学习型标兵或学习型先进个人。

三、关于推进监理行业诚信的思考

1. 政府诚信建设是监理诚信建设的重要保障。政府主管部门在建筑市场诚信建设中具有强制的主导作用。要进一步完善激励机制，发挥监理诚信信息的实际应用范畴。将监理失信行为、不良行为和招标投标挂钩，在招标投标中加大监理信用分的比重；对存在明显失信行为、不良行为的监理企业和个人给予一定的处罚（通报批评、红黄牌警告、约谈、限期整改等）。通过这些措施，加大对监理行业中的不良行为、失信行为的惩戒力度，提高监理企业和人员的失信成本，使这些人不想失信、不敢失信、不能失信，形成监理诚信执业的良好法制环境。

要克服一些政府主管部门存在的暗箱操作、随意性大的弊病，把对监理的诚信管理公开化、透明化、科学化。要克服个别政府工作人员不按原则办事，情绪化办事，检查工作尺度区别对待，时松时紧，下工地检查收受红包、好处屡禁不绝的现象。要逐渐强化市场这只手，弱化政府这只手。监理诚信信息的来源、评价、考核，应该主要由市场说了算、行业说了算。除了行政处罚外，一般具体工作应当由监理协会完成。

2. 监理行业协会应发挥积极纽带作用。充分发挥行业协会的规范作用、自律作用。监理行业协会作为政府部门的参谋与助手，同时又是政府部门和监理企业沟通的桥梁，在打造监理行业诚信度、纠正监理行业中的不良行为方面可以发挥重要作用。一是进一步完善监理信用信息平台；二是完善监理诚信考评体系；三是将监理失信行为、不良行为和评奖评优挂钩。对现有的监理信用信息平台可以进一步扩充信息内容、调整信息的权值，要将已列入省168号文件规定、所有达到监理企业不良行为考核标准和监理人员不良行为考核标准的行为、违反省主要监理人员现场定位考勤管理规定（LBS）的行为，都纳入监理信用信息平台。对恶意竞争经营、对监理服务质量明显低于合同约定的，要提高在信用评价中的权重。要限制诚信度差的监理企业和人员参加各类评奖评优活动。对监理信用信息平台的信息内容，要定期、不定期在指定媒体上公开曝光，让监理行业中的不良行为、失信行为接受舆论监督。要加大和主管部门监理诚信信息互通、交换、共享，提高监理企业和监理人员诚信的自觉性和制度约束力。

3. 监理企业诚信建设是行业诚信的关键。监理企业诚信是企业的安身立命之本，也是整个监理行业诚信建设的基础。从根本上讲，监理企业要生存、发展、壮大，就必须坚持诚实守信。监理企业是社会的细胞，监理诚信应从企业做起、从现在做起。要加强学习宣传，确立诚信是企业的生命的理念。在诚信与经营、诚信与服务的位置关系上，始终把诚信放在首位。当前，要把企业的经营投标和履行监理合同责任作为两个重要抓手，重点整治经营投标和履行监理合同方面存在的不诚信、不规范行为，营造鼓励诚信、表彰诚信、反对失信、纠正失信的氛围。不能仅怨天尤人，抱怨社会不诚信问题多，环境恶劣，要想想自己表现如何，为改变不诚信的市场做了什么。每个企业都注意诚信自律，整个监理行业风气就好了，社会就进步了。

4. 监理执业人员诚信是行业诚信的核心工作。工程项目监理工作是具体的人完成的。对于监理人员，要进行诚信执业的专题教育，要有布置、有检查、有考核、有奖罚。上岗前要交底，竣工后要考评。内容要具体，操作要程式化。例如，应包括“不为所监理项目指定或推荐承建单位、建筑构配件、设备、材料和施工方法”、“不得将项目图纸、合同、重要信息等向外界提供”、“不得收受被监理单位的奖金、奖品、礼金、礼品及各种津贴”、“不得私自借用被监理单位的汽车等交通工具，不得在被监理单位报销油费话费”等。通过扎牢制度的笼子，使个别不良分子不能为所欲为，也最大限度地教育、挽救、保护了广大员工。

要守住诚信执业底线。对部分工作不负责任、不能认真履行监理合同责任、不讲原则甚至以权谋私、吃、拿、卡、要的人员，决不姑息，直至开除。

5. 适应市场经济的制度变革刻不容缓。改革对监理企业资质、监理人员资格的管理。根据市场经济和与国际接轨的管理要求，建议目前的监理资质认定标准适当归并、简化。应注重监理企业的业绩和能力，适当提高资质的门槛，鼓励监理企业向综合型、复合型方向发展。要强化总监理工程师责任制，逐步取消其他监理人员（专业监理工程师、监理员）的资格要求，以便条件合适时过渡到允许监理工程师个人执业。

逐步减少、取消监理企业不合理的社会责任。监理过多的、额外的社会责任与其作为建设单位委托的建设工程咨询服务的主体地位不符；很多社会责任、尤其是监理的安全生产责任，超出了监理企业和人员的承受能力，不利于监理企业和人员的诚信建设。

逐步开展二元化工程管理模式的试点。我国目前实施的工程监理模式，是“三元管理模式”。从长远看，我国将逐步转变发展到“二元管理模式”或“二元管理模式三元管理模式并存”的状态。社会诚信、双方自觉、全面履行合同权利义务是前提。试点开展“二元管理模式”，试点政府完全不管，完全由市场说了算。这样，不仅有利于政府减政放权，也有利于建筑市场向更高水平、更高阶段发展。

综上所述，监理执业诚信非常重要、解决监理执业诚信问题具有紧迫性，监理诚信执业应成为监理企业的自觉行动。同时，监理执业诚信问题与整个建筑行业、整个社会的诚信体系建设密切相关，一方面期待整个社会诚信度的提升，另一方面也需要监理行业积极发挥引领作用和制约作用。

打造诚信服务企业　擦亮电力监理品牌
——江苏省宏源电力建设监理有限公司诚信建设创新与实践

江苏省宏源电力建设监理有限公司　俞金顺

近年来，江苏省宏源电力建设监理有限公司（以下简称宏源监理公司）坚持“诚信、责任、创新、奉献”的核心价值观，大力推进诚信建设，根据电力监理行业自身特点，内强素质，外树形象，积极打造“诚信企业”服务品牌，努力成为一流的电力监理企业和先进的国内监理企业。公司相继荣获全国优秀监理企业、全国先进监理企业、江苏省示范监理企业、江苏省文明单位、江苏省五一劳动奖状和江苏省重合同守信用企业等荣誉称号。监理的项目获得中国工业大奖 1 项、国家优质工程金质奖 6 项、银质奖 18 项、中国工程建设鲁班奖 9 项、省（部）级优质工程奖 170 多项。

一、深入开展诚信教育，践行“诚信企业”理念

诚信是企业立业之道、兴业之本、发展之源。公司领导班子首先达成共识，深刻认识建立“诚信企业”对于宏源监理公司生存发展的深远意义，高度重视打造“诚信企业”的重要性，在公司深入开展了“诚信宏源”教育活动。

1. 树立依法治企、诚信为本的发展理念

公司多次举办中层干部培训班、总监理工程师等生产骨干培训班，认真学习《建设监理行业自律公约》及国家有关建设工程的法律法规和标准，派出合同管理员参加由法律权威机构组织的《合同法》培训，利用网络大学和论坛讨论版等形式引导职工业余学习。通过深入开展法律学习、诚信教育，在员工队伍中广泛树立了诚信理念，为建立“诚信企业”打下了坚实的思想基础。

2. 将诚信意识转化成行为规范

公司全面实践国家电网公司“诚信、责任、创新、奉献”的核心价值观，确定以诚信为核心的企业经营理念，并将其纳入企业近期和远景规划，明确提出“诚信”是企业立业、员工立身的道德基石，要求每一个部门、每一位员工，在工作中要重诚信、讲诚信，遵纪守法，努力实现企业与员工、公司与社会共同发展。

3. 将诚信意识转化成服务行为

从“诚信为本、诚信对人、诚信做事”的基本规范抓起，培育全员“诚信是金”的服务行为。公司在内部网站和微信公众号上开辟了“诚信”道德教育专栏，在办公区、监理片区和项目部制作了诚信服务和道德规范宣传图板，编印了《职工行为道德规范》和《员工廉政手册》等系列丛书，各部门、各党支部积极利用学习时间对职工进行诚信教育，通过正面典型宣传，反面典型教育，使全体职工认识到诚信对于个人、企业和社会的重要性，将诚信意识内化于心，外化于行，将诚信意识转化成服务行为。

二、扎实推进诚信机制建设，夯实“诚信企业”基础

“诚信企业”首要的诚信就是要尊重合同，维护合同的权威。在合同的管理过程中，树立监理企业的地位和尊严。

1. 建立组织架构，明晰职责分工

宏源监理公司在创建诚信企业的工作实践中，

始终坚持“领导重视、分工协作，齐抓共管”的工作思路。成立了合同信用管理小组，由公司总经理负总责，公司分管领导分工负责，指定经营管理部牵头负责，设专职合同管理员具体负责，做到了定机构、定人员、定岗位、定职责。

2. 建立一套切实可行的管理制度

宏源监理公司相继出台并认真执行信用（合同）法律法规学习、信用管理机构职能及人员岗位责任、法定代表人授权委托、合同评审、合同签订履行变更和解除、客户授信与年审评价、客户信用档案建立与管理、应收账款与商账追收、失信违法行为责任追究等 9 项管理制度。

3. 建立科学严谨的管理流程

宏源监理公司按照信用管理的要求，对公司资产、财务、合同、薪酬、福利等制度进行全面梳理，查找制度中的薄弱点，制定科学严谨的流程。根据合同类型、金额、重大等级等执行不同的审批流程，从起草人、承办部门到公司主要领导，形成了自下而上、逐级审核的合同管理流程，所有审批单在合同执行结束后随合同一并归档，做到所有合同有据可查。公司合同管理人员严把法人资格关、个人身份关、合同条款关、履约能力关、资信等级关、担保能力关。多年来公司未发生一起合同、信用事故，做到了合同、信用管理工作“零失误”。

三、规范履约践诺，打造“诚信服务”品牌

宏源监理公司在工程建设监理过程中始终坚持“公平、独立、诚信、科学”的职业准则，严格履行合同义务。

1. 加强监理行业自律，承接监理业务合法合规

宏源监理公司严格执行国家法律法规和监理行业自律公约，认真评审招投标文件，仔细分析工程项目的难点特点，精心编制监理服务投标文件，坚持诚实信用原则，公平竞争，规范收费，杜绝低价中标和恶意竞争行为，合法合规地承接每一个监理服务项目。

2. 在工程建设过程中，规范管理，认真履约

宏源监理公司认识到做好监理业务、为业主提供优质服务就是诚信体系建设的最好体现。严格执行《建设工程监理规范》，按照建设工程监理合同约定，设立项目监理部，按规定配备监理人员和检测设备。建立了通过认证的“安全、质量和环境”三标体系，编制了管理标准和工作标准，每月开展管理体系内审。成立以公司分管领导为组长的安全质量督察组，定期对电网、电源工程监理现场进行安全质量督察，发现问题下发整改单并确保整改闭环。

3. 强化行风监督机制，促进服务水平不断提高

宏源监理公司加强内部管理，开展廉洁执业教育，完善监理人员行为准则，健全服务质量考评体系。定期开展重点部门、重点岗位人员诚信约谈，要求在工程监理签证中按照规定办理，经得起时间的检验。公司每年还与各部门、重点岗位签订诚信承诺，并将履诺情况与绩效挂钩，严格考核。

4. 长期坚持客户回访制度

多年来宏源监理公司认真实施了工程项目回访活动，通过客户走访、暗访、开展座谈会、发放满意度调查问卷等形式，及时了解员工诚信践诺情况，改进了监理工作，提高了服务质量，赢得了客户的广泛信任。目前宏源监理公司业务涉及江苏省内各地级市及四川、海南、山西、安徽、内蒙古、新疆等 22 个省市自治区，公司所承接的监理项目合同签约率达 100%，履约率达 100%，获得业主的肯定和好评，近三年业主满意率均在 98% 以上。2012 年至 2014 年连续三年获得江苏省重合同守信用企业称号。

四、创新管理方式，创建诚信信息体系

宏源监理公司把提升诚信服务水平作为工作重点，以业主满意不满意为标准，推出并实施了一系列举措。

1. 在全国监理行业率先开发和应用监理管控平台

通过系统实时掌握项目信息、各级管理人员和车辆的工作状态，及时发送工作指令，有效指导和帮助现场监理人员开展各项监理工作，实现三级以上风险状况、标准工艺应用和质量通病防治成果的实时管控。目前管控平台已全部应用到公司电网监理、电源监理、设备监造、造价咨询四个业务部门，其中电网和电源监理的项目信息、安全管理、质量管理、人员管理、车辆管理五大模块已全部投入使用，电网和电源管控平台稳定上线率达 90%。利用监理管控平台深度开发模块功能，探索管理延伸，实现公司职能管理和业务管理的协调并进。

2. 开发应用合同管理系统

宏源监理公司结合合同管理工作实践，开发应用了合同管理系统，实现了投标、签订、执行、结算及客户信息、信用记录全过程跟踪，极大地便利了合同管理部门的内部管理，实现了与其他部门之间的合同信息共享，提高了工作效率。

3. 探索项目管理方式

为主动适应监理市场新形势，近年来，宏源监理公司深入开展了电源和电网项目管理可行性研究，分析从事项目管理的内外部条件，制定了开展监理延伸服务试点方案，并在实践中取得可喜成绩。公司在中外合资夏港电厂三期工程和淮矿集团田集电厂一期工程成功实施了项目管理服务，其中田集电厂一期工程还获得中国建设工程鲁班奖。公司在电网项目管理方面也取得突破，近期在江苏省内承接了 500kV 宿迁龙湖变的项目管理，10 月中旬获邀参加内蒙古阿拉腾开闭站 220kV 输变电工程项目的投标，有望代表业主全面负责该项目的管理工作。

五、优化人员素质，提升诚信服务能力

宏源监理公司坚持“以人为本”，为员工发展提供机遇和舞台，充分调动员工积极性、主动性和创造性，赢得员工对企业的忠诚，从而实现员工与企业共同发展。

1. 优化队伍素质，把好人员进、出口关

公司招聘监理人员在重视资质、技能的同时特别强调人员诚信和廉洁情况，凡在诚信和廉洁从业方面有问题的人员一律不用。所有新进人员都要接受诚信和廉洁教育，公司对新任项目总监都要进行诚信诫勉谈话，一旦发现有人员违反诚信承诺和职业道德要求则坚决予以严惩，直至清退。

2. 优化绩效管理，提高员工忠诚度

建立全员绩效考核体系，实施向一线骨干倾斜的薪酬政策，发挥分配激励导向作用，通过绩效激励人才、留住人才，有效缓解结构性缺员矛盾。结合公司特点，编制团队工资管理办法，职能部门依据部门人员配置分配团队工资总额，业务部门依据全员劳动生产率分配团队工资总额，员工团队工资由个人贡献率进行二次分配，合理拉开员工收入差距。修订员工工作量奖励管理办法，进一步将员工薪酬与其工作量挂钩，充分发挥绩效管理的作用。

3. 优化人员培训，提高员工服务技能

宏源监理公司建立了培训中心，依据年度发展日标，结合各部门需求和员工技能状况，编制年度培训计划，开展各层级、各专业员工培训活动。落实员工“358”培养规划，深化轮岗锻炼，制定培训积分制和单元制管理办法，并与员工升岗晋级挂钩，探索实施师徒双向选择、导师制教培模式，为青年员工快速成长搭建晋升通道。经过多年培养，宏源监理公司拥有一批长期从事电力工程建设设计、施工、管理的高素质复合型人才和一批能适应现场工作需要的年富力强、经验丰富的中、青年监理人员。目前，宏源监理公司从业人数、人均产值等主要指标在全国电力监理行业名列前茅，优质工程、流动红旗获奖数量以及企业综合实力在全国电力监理企业中稳居第一方阵。

推行监理企业信息化管理　提高监理服务质量

四川元丰建设项目管理有限公司

摘　要：监理企业使用信息化管理能完善企业管理流程，加快对问题的响应速度，提高部门的服务意识。信息化管理系统的使用能够有效地促使监理项目部的监理人员到岗，积极认真履行监理职责。通过培训提高员工的素质和职业技术能力，提高监理服务质量和企业效益，获得竞争优势。

一、为什么要实施信息化管理

近年来，企业在做大做强过程中，出现了监理企业难以对项目情况进行控制和了解、部分监理人员的素质、技能不能满足工程管理需要的情况；随着监理业务量的增加，公司对已派出项目监理人员是否在岗、是否认真履职监理职责进行全面监管难度日益增大。监理成本及责任不断加大的矛盾也日益突出，监理企业面临的外部管理环境变化，也要求企业必须改变旧的管理模式，走出困境。以上各种因素，要求企业必须利用信息化管理手段来提高员工工作效率，否则，企业的可持续发展将面临严峻挑战。

随着当今信息科学技术的迅速发展，管理已经步入信息化时代，公司决策层意识到信息化管理将融入监理企业日常管理、经营之中。发展中的问题需要通过发展来解决，思路决定出路。通过科学分析现实形势和社会发展要求，为使公司有更好发展，我公司明确了“抓管理、促稳定、选市场、理思路、拓领域、把握机遇、提升优势、创新管理、凝聚人心，在前进和发展中用科学的手段解决存在的困难和问题”的整体工作思路，实施了一系列大的管理调整：以加强企业对现场项目管理为主线，进一步加强了对项目监理的过程监管和监督，进行多元化项目监控管理；利用信息化系统加强对监理项目部的履职管理，利用远程会议系统加强对现场监理人员的素质、技能培训，提高监理人员综合素质，实现管理出效益、效益创新高。

二、如何实施信息化管理

1. OA 办公系统

OA 信息管理系统实现公司公文流转、审核、签批等行政事务的处理，整合了公司内部的信息，使公司内部的通信和信息交流快捷畅通，使企业员工能获取有效信息，提高办公效率；变革了单位传统纸质公文办公模式，实现无纸化办公，使各种文件、知识、信息能够按照权限进行保存、共享和使用，并有一个方便的查找手段，将传统的纸张填写过程电子化，节省企业的办公费支出。员工事务办理漏项时还有提醒功能；还能强化领导的监控管理，便于实时全面地掌控各部门的工作办理状态，及时发现问题及时解决，从而减少差错、防止低效办公。

2. 远程监控信息管理系统

1) 项目信息的运用

基本信息：录入项目基本信息，以利于公司了解项目具体情况，作为规划审核的依据；是否列入公司监管的重点；便于公司工作联系、回访。

进度和投资控制资料：按照系统要求进行填写，统计该项目某月的工程实体形象完成情况，系统将自动生成柱状图，直观反映该项目的完成百分比，有利于总监理工程师分析工程进度、投资是否存在异常现象，有异常时，及时向建设单位汇报，并召开专题监理例会解决异常问题；有利于总监理工程师合理调配监理人员。在做好工程的“三控、二管、一协调、一法定安全责任”的前提下，节约项目成本。

项目巡检：巡检组按照四川省建设工程项目监理机构工作质量考评手册要求对项目部监理人员的工作情况进行考核评分形成ABCD类，按照相应的考核结果亮“绿蓝黄红”灯，再按照考核结果对项目实行差异化管理，利于公司对项目的整体管理。

项目信息上报：总监理工程师经过多方努力协调后，现场任无法协调的问题，向公司汇报的事项，公司出面协调解决，目的是圆满完成责任主体的共同目标——让工程顺利、安全地竣工。

在监项目一览表：一览表内容为公司的在建和暂停项目情况，可以分别提取，该表很直观地反映在监项目工作质量和公司对现场监管情况，利于公司安排总体巡检计划、对CD类的复查计划，也是实施动态监管的依据，从而避免公司出现对在监项目的监管缺失。

2）保证监理人员在岗

因项目的分布广，为利于公司对项目监理人员的监管，保证监理人员到岗，服务于业主，监理合同签订后，由技术部启动该项目，进入准备阶段的管理流程，由人力资源部考查该项目的到场监理人员能力和调拨，并通知监理人员到系统上采集照片信息，技术部分发信息系统登录的唯一性号码。经建设单位认可的监理人员进场后，再按照公司的监控制度要求进行每天上、下午两次考勤，监理人员外出办事、轮休等必须要总监理工程师签署请假条，并于24h内传入系统项目，否则按照管理制度执行。系统中请假条只能由技术部监控人员登记，月底形成考勤汇总表，工资与出勤率成正比。以保证现场监理人员的在岗，从而进一步做好现场监理工作。

3）保证监理人员履职

上传：按照四川省建设项目现场监理文件组卷指南和公司管理要求形成监理工作任务清单，按照管理要求将监理项目每天形成的审核资料，现场质量、安全检查所形成的监理资料和工作照片按照相应的板块传入系统或在系统在的表格中填写、上传，并注明相应资料名称，公司就可以对现场监理管理质量进行监管。

审核：公司远程监控人员对项目监理部上传文件、资料按照建设规范要求进行审查，如项目监理资料编写是否合格、传递的监理资料是否及时、文件来往或现场资料是否闭合、资料是否具有追溯性等。

指令：公司远程监控人员将对资料不合格的、不符合要求的，由远程监控人员发远程项目整改通知单，要求项目整改、回复，从而促使现场监理人员按照规范要求对工程现场的安全、质量等进行管理，履行监理职责。

4）远程会议培训系统

因项目的分布广，为减少项目监理人员的舟车劳顿和节约公司与人员的培训经费，节省路途时间，提升工作效率，更好地达到培训的目的，公司利用远程视频会议系统，在省外及省内共建立23个视频会议点，每月聘专家对项目部监理人员进行远程视频培训和考试。培训的内容以规范、建设主管部门通知为主，穿插沟通协调案例、公司管理制度、责任心、执行力以及企业文化等。通过培训整体提高监理人员专业技术能力，提升监理人员素质，从而提升现场监理人员的综合素质，达到提升公司的对外“窗口”形象的目的，赢得好的市场“口碑”。

5）微信学习平台

为与时俱进，更好地将天天短信推广，将传统的发短信方式，改成微信形式。微信能传送内容更加丰富，图文并茂，生动形象。内容、形式由过去简单的规范通知，增加到强条、监理规范、法律法规、验收规范、监理资料文档、案例、工程新技术、责任心、执行力、身心健康、领导力等，使内容更丰富，更贴近生活、工作，保证了公司与员工无障碍沟通。

三、使用信息化管理的效果

公司信息化不断推进过程也是企业管理流程不断完善的一个过程，对项目从粗放式管理逐步过渡到精细化管理。使用信息化管理系统以来，各个职能部门及时了解部门所管辖范围的项目状态，加快对项目问题的响应速度，提高部门的服务意识。信息系统的使用能够有效促使监理项目部的监理人员到岗，积极认真履行监理职责。通过培训提高了员工的职业技术能力和工作能力；通过培训提供了员工晋升和较高收入的机会；通过培训提高了企业效益，获得竞争优势。因员工的知识、技能与态度明显提高与改善，在管理中，由事后控制逐步转变为事中控制或事前控制，让监理部的管理得到建设单位及施工单位的认可，赢得好的口碑，也就赢得了市场。

四、公司在信息化管理方面的近期实施方向

1. 建立手机通终端培训、考试系统

现在智能手机已普及，为便于监理人员更好地学习，公司将利用监理通系统的手机终端培训、考试系统，对项目部监理人员进行远程培训和考试。按照预划分的工程阶段传学习资料或课件：以强条、规范、建设主管部门管理要求为主，穿插沟通协调案例、公司管理制度、责任心、执行力以及企业文化等。要求项目部监理人员按照工程进度所对应的阶段进行分段学习，每月必须在信息平台中学习固定学时，为检查学习效果，现场监理人员必须进入系统考试，按照该工程实体进度阶段，进入相应模块，点击考试（参照驾校考试模式），系统将随机自动生成考题，考题的类型为单项、判断、多选，如考试不合格，当月可进行多次考试，直到合格为止，以促进监理人员学习为主。系统将自动评分，形成考试汇总表，并与当月工资挂钩。创新员工培训模式，实现覆盖全员的、高效的、便捷的培训方法，让员工方参加信息化建设，乐于享受信息化所带来的便捷成果，利用信息化推动人员综合素质的发展。

2. 建立项目监理部标准化管理体系

实行项目监理部标准化管理模式：项目监理部的办公室上墙框图、上墙资料、胸牌、门牌等实现标准化配置、布置。监理部按照公司分专业编制监理工作清单管理制度中要求进行检查、填写、上传，未给公司上传即未做该项工作，系统将对项目监理人员进行手机短信提示和桌面闪烁提示，在信息系统上无缝传递、审查，为建设单位提供优质服务，打造公司自己核心竞争力，提升公司价值。

3. 电子归档

为规避监理责任，就必须有完整的工程过程资料及归档资料。公司竣工工程的监理资料的体量是非常庞大的，这给公司的归档资料管理提出了新的管理要求——电子归档。为规范工程监理资料的电子管理，公司制定统一管理制度，要求项目监理部按照信息系统中的监理工作清单目录，将现场项目监理部每天产生的监理资料及施工单位的重要资料扫描件传入系统中或在系统中填写资料（固定表格）、上传，由监控小组人员进行审

查，合格后在系统中导出文档，进行电子资料归档，减少资料室的占用面积，便于公司管理，符合社会的发展趋势。

五、任何监理企业都能实施信息化管理

虽然时代在不断发展，只要互联网存在，信息化管理就可以有多种多样的实施形式。无论监理企业大或小，只要有管好企业、发展好企业的理论，并紧随时代进步的步伐，就可以利用信息化手段来管理企业。

第一种是投资小的信息化管理手段。1) 现场监理项目部基本都配置有电脑和网络等办公设备，在此基础上只增加 QQ 摄像头设备，利用 QQ 号，再制定相应的信息化管理制度即可进行的信息化管理：控制项目监理部的监理人员到岗，检查现场监理人员的工作情况，达到检查项目监理部履行职责的目的，做好服务工作。2) 天天短信平台或微信平台进行培训，利于手机的短信、微信功能，由监理公司技术人员编制短信或微信，短信、微信的内容包括建设工程标准、强条、管理要求等等，发送给公司员工，让员工学习。无论用何种培训，都必须要有检测手段，否则意义都不大。培训制度必须完善，才能达到提高员工工作能力的目的。

第二种是投资相对较大的信息化管理手段，就是购买信息管理软件，如监理通等。但相对管理成本大，少则上十万多则上百万的投入，大部分监理企业不能承受，推广使用就存有一定局限性。监理企业信息化管理的根本目的就是要是现场监理人员到岗，履行监理职责，为建设单位提供优质服务，提升竞争力，发展自身监理企业。

第三种是投资大的高、精、尖信息化管理手段。依托卫星通信、物联网、3G、4G 无线网络等高科技，组建 GIS 项目调控中心，实施个人手持 PAD 功能的终端系统的远程视频监理系统，这类管理系统的成本非常高，虽然这类系统的管理体系较完善，但这样的管理信息化系统不具备推广的意义。

总之，采用信息化对企业进行管理，是这个时代企业管理的一个特征。提高公司现代化管理水平就是提升竞争力与综合实力的一个重要和有效途径。但一个公司的发展取决于两大因素，一是外部环境，二是自身因素。现在国家为确保经济平稳发展，及时调整建设政策，这也给建设邻域带来了发展挑战，要求监理企业自身完善管理手段，形成竞争优势。无论如何，工程服务邻域的多元化、高端化都是监理企业的努力方向，值得我们探索和实践。面对成绩，我们乐观但不自满；面对挑战，我们正视而不回避。只有审慎地回顾、理性地展望、认真地思考、积极地行动，以服务质量赢市场，靠品牌创效益，加强团结协作，在政府部门、行业协会、工程参建各方的共同努力下，创建和维护良好的市场环境，共同打造社会所期望的行业公信力，监理行业才会实现科学和谐有序发展。

《中国建设监理与咨询》征稿启事

《中国建设监理与咨询》是中国建设监理协会与中国建筑工业出版社合作出版的连续出版物，侧重于监理与咨询的理论探讨、政策研究、技术创新、学术研究和经验推介，为广大监理企业和从业者提供信息交流的平台，宣传推广优秀企业和项目。

一、栏目设置：政策法规、行业动态、人物专访、监理论坛、项目管理与咨询、创新与研究、企业文化、人才培养。

二、投稿邮箱：zgjsjlxh@163.com，投稿时请务必注明联系电话和邮寄地址等内容。

三、投稿须知：

1. 来稿要求原创，主题明确、观点新颖、内容真实、论据可靠，图表规范，数据准确，文字简练通顺，层次清晰，标点符号规范。

2. 作者确保稿件的原创性，不一稿多投、不涉及保密、署名无争议，文责自负。本编辑部有权作内容层次、语言文字和编辑规范方面的删改。如不同意删改，请在投稿时特别说明。请作者自留底稿，恕不退稿。

3. 来稿按以下顺序表述：①题名；②作者(含合作者)姓名、单位；③摘要(300字以内)；④关键词(2~5个)；⑤正文；⑥参考文献。

4. 来稿以4000～6000字为宜，建议提供与文章内容相关的图片(JPG格式)。

5. 来稿经录用刊载后，即免费赠送作者当期《中国建设监理与咨询》一本。

本征稿启事长期有效，欢迎广大监理工作者和研究者积极投稿！

欢迎订阅《中国建设监理与咨询》

《中国建设监理与咨询》面向各级建设主管部门和监理企业的管理者和从业者，面向国内高校相关专业的专家学者和学生，以及其他关心我国监理事业改革和发展的人士。

《中国建设监理与咨询》内容主要包括监理相关法律法规及政策解读；监理企业管理发展经验介绍；和人才培养等热点、难点问题研讨；各类工程项目管理经验交流；监理理论研究及前沿技术介绍等。

《中国建设监理与咨询》征订单回执

<table>
<tr><td rowspan="3">订阅人信息</td><td>单位名称</td><td colspan="4"></td></tr>
<tr><td>详细地址</td><td colspan="2"></td><td>邮编</td><td></td></tr>
<tr><td>收件人</td><td colspan="2"></td><td>联系电话</td><td></td></tr>
<tr><td>出版物信息</td><td>全年（6）期</td><td>每期（35）元</td><td>全年（210）元/套
（含邮寄费用）</td><td>付款方式</td><td>银行汇款</td></tr>
<tr><td colspan="6">订阅信息</td></tr>
<tr><td colspan="6">订阅自2016年1月至2016年12月，__________套（共计6期/年）　　付款金额合计￥____________________元。</td></tr>
<tr><td colspan="6">发票信息</td></tr>
<tr><td colspan="6">□我需要开具发票
发票抬头：____________________
发票类型：□一般增值税发票　□专用增值税发票（订阅5套及以上；开专用增值税发票请提供相关信息及营业执照副本复印件）
发票寄送地址：□收刊地址　□其他地址
地址：____________________邮编：__________　收件人：__________　联系电话：__________</td></tr>
<tr><td colspan="6">付款方式：订阅1-4套，请汇至“中国建筑书店有限责任公司”
订阅5套及以上（订单金额超过840元），请汇至“中国建筑工业出版社”</td></tr>
<tr><td colspan="3">银行汇款 □（征订1-4套）
户　名：中国建筑书店有限责任公司
开户行：中国建设银行北京甘家口支行
账　号：1100 1085 6000 5300 6825</td><td colspan="3">银行汇款 □（征订5套及以上）
户　名：中国建筑工业出版社
开户行：中国工商银行北京百万庄支行
账　号：0200 0014 0900 4600 466</td></tr>
</table>

备注：为便于我们更好地为您服务，以上资料请您详细填写。汇款时请注明征订《中国建设监理与咨询》并请将征订单回执与汇款底单一并传真或发邮件至中国建设监理协会信息部，传真 010-68346832，邮箱 zgjsjlxh@163.com。

联系人：中国建设监理协会　王北卫　孙璐，电话：010-68346832。

中国建筑工业出版社　张幼平，电话：010-58337166

中国建筑书店　电话：010-68324255

《中国建设监理与咨询》协办单位

北京市建设监理协会
会长：李伟

中国铁道工程建设协会
副秘书长兼监理委员会主任：肖上潘

京兴国际工程管理有限公司
执行董事兼总经理：李明安

北京兴电国际工程管理有限公司
董事长兼总经理：张铁明

北京五环国际工程管理有限公司
总经理：黄慧

中船重工海鑫工程监理（北京）有限公司
总经理：栾继强

中国水利水电建设工程咨询北京有限公司
总经理：孙晓博

鑫诚建设监理咨询有限公司
董事长：严弟勇　总经理：张国明

北京赛瑞斯国际工程咨询有限公司
董事长：路戈

北京希达建设监理有限责任公司
总经理：黄强

秦皇岛市广德监理有限公司
董事长：邵永民

山西省建设监理协会
会长：唐桂莲

山西省建设监理有限公司
董事长：田哲远

山西煤炭建设监理咨询公司
总经理：陈怀耀

山西和祥建通工程项目管理有限公司
执行董事：史鹏飞

太原理工大成工程有限公司
董事长：周晋华

山西省煤炭建设监理有限公司
总经理：苏锁成

山西震益工程建设监理有限公司
总经理：黄官狮

山西神剑建设监理有限公司
董事长：林群

山西共达建设项目管理有限公司
总经理：王京民

晋中市正元建设监理有限公司
执行董事兼总经理：李志涌

运城市金苑工程监理有限公司
董事长：卢尚武

山西协诚建设工程项目管理有限公司
董事长：高保庆

沈阳市工程监理咨询有限公司
董事长：王光友

上海建科工程咨询有限公司
总经理：何锡兴

上海振华工程咨询有限公司
总经理：沈煜琦

江苏省建设监理协会
秘书长：朱丰林

江苏誉达工程项目管理有限公司
董事长：李泉

连云港市建设监理有限公司
董事长兼总经理：谢永庆

江苏赛华建设监理有限公司
董事长：王成武

浙江省建设工程监理管理协会
副会长兼秘书长：章钟

浙江江南工程管理股份有限公司
董事长总经理：李建军

浙江五洲工程项目管理有限公司
董事长：蒋廷令

安徽省建设监理协会
会长：盛大全

合肥工大建设监理有限责任公司
总经理：王章虎

安徽省建设监理有限公司
董事长兼总经理：陈磊

《中国建设监理与咨询》协办单位

厦门海投建设监理咨询有限公司
法人：陈仲超

萍乡市同济工程咨询监理有限公司

郑州中兴工程监理有限公司
执行董事兼总经理：李振文

中汽智达（洛阳）建设监理有限公司
董事长：刘耀民

河南建达工程建设监理公司
总经理：蒋晓东

郑州基业工程监理有限公司
董事长：潘彬

武汉华胜工程建设科技有限公司
董事长：汪成庆

长沙华星建设监理有限公司
总经理：胡志荣

中国水利水电建设工程咨询中南有限公司
HYDROCHINA MID-SOUTH ENGINEERING & CONSULTING CO.,LTD.

中国水利水电建设工程咨询中南有限公司
法人代表：朱小飞

深圳市监理工程师协会
副会长兼秘书长：冯际平

WANG TAT
广州宏达工程顾问有限公司

广州宏达工程顾问有限公司
公司负责人：罗伟峰

广东国信工程监理有限公司
董事长：李文

10333.com
大太阳建筑网
行业首选的门户网站

深圳大尚网络技术有限公司
总经理：乐铁毅

深圳科宇工程顾问有限公司
董事长：王苏夏

广东工程建设监理有限公司
总经理：毕德峰

广东华工工程建设监理有限公司
总经理：杨小珊

重庆林鸥监理咨询有限公司
总经理：肖波

重庆赛迪工程咨询有限公司
总经理：冉鹏

重庆联盛建设项目管理有限公司
董事长兼总经理：雷开贵

重庆华兴工程咨询有限公司
董事长：胡明健

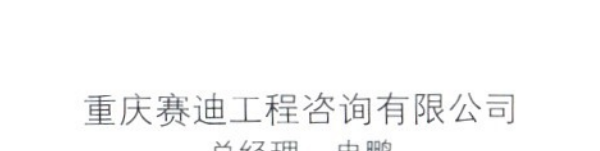

二滩国际
Ertan International

四川二滩国际工程咨询有限责任公司
董事长：赵雄飞

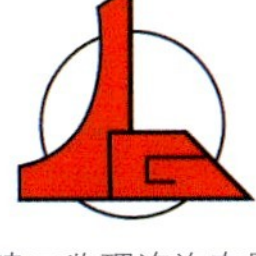

贵州建工监理咨询有限公司
总经理：张勤

中国电建集团贵阳勘测设计研究院有限公司
总经理：潘继录

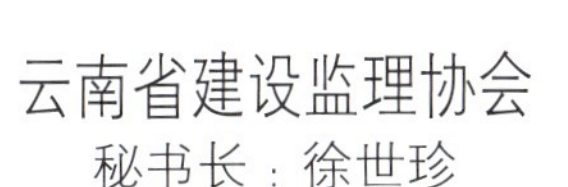

云南省建设监理协会
秘书长：徐世珍

云南新迪建设咨询监理有限公司
董事长兼总经理：杨丽

永明项目管理有限公司
总经理：张平

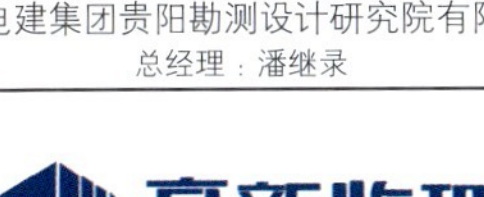
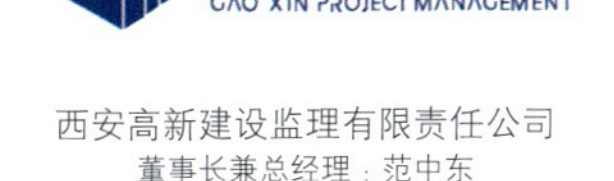

西安高新建设监理有限责任公司
董事长兼总经理：范中东

西安铁一院工程咨询监理有限责任公司
总经理：杨南辉

西安普迈项目管理有限公司
董事长：王斌

西安四方建设监理有限责任公司
董事长：史勇忠

新疆昆仑工程监理有限责任公司
总经理：曹志勇

新疆天麒工程项目管理咨询有限责任公司
董事长：吕天军

重庆正信建设监理有限公司
董事长：程辉汉

河南省建设监理协会
常务副会长：赵艳华

北京中企建发监理咨询有限公司
总经理：王列平

云南国开建设监理咨询有限公司
执行董事兼总经理：张葆华

华春建设工程项目管理有限责任公司
董事长：王勇

安徽省建设监理协会

安徽省建设监理协会成立于1996年9月，在中国建设监理协会、省住建厅、省民管局、省民间组织联合会的关怀与支持下，通过全体会员单位的共同努力，围绕“维权、服务、协调、自律”四大职能，积极主动开展活动，取得了一定成效。协会现有会员单位253家，理事101人，会长、副会长、秘书长共14人，秘书处工作人员6人。秘书处下设有办公室（信息部）、培训咨询部、财务部。

近二十年来协会坚持民主办会，做好双向服务，发挥助手、桥梁纽带作用，主动承担和完成政府主管部门和上级协会交办的工作。深入地市和企业调研，及时传达贯彻国家有关法律、法规、规范、标准等，并将存在的问题及时向行政主管部门反映，帮助处理行业内各会员单位遇到的困难和问题，竭诚为会员服务，积极为会员单位维权。

通过协会工作人员共同努力，各项工作一步一个台阶，不断完善各项管理制度，在规范管理上下功夫。积极做好协调工作，狠抓行业诚信自律。同省外兄弟协会、企业沟通交流，开展各项活动，提升行业整体素质。

在经济新常态及行业深化改革的大背景下，我会按照建筑业转型升级的总体部署，进一步深化改革，促进企业转型，加快企业发展，为推进我省有条件的监理企业向项目管理转型提供有力的支持。

协会荣获2007年省民政厅“安徽省示范行业协会”称号；2015年荣获安徽省第四届省属“百优社会组织”称号。

新时期、新形势，监理行业面临着不断变化的新情况、新难题。因此不断改革创新、转变工作思路已经成为一种新常态，这既是对监理行业的挑战，同时也给监理企业的发展提供了新契机。协会将充分发挥企业与政府间的桥梁纽带作用，不断增强行业凝聚力，加强协会自身建设，提高协会工作水平，为监理行业的发展做出新的贡献。

安徽省建设监理协会第四次会员大会

会上颁发“安徽省建设监理行业30强企业”铜牌

安徽省建设监理协会召开部分会员单位负责人座谈会

中南五省建设监理协会联谊会在安徽黄山召开

江苏誉达工程项目管理有限公司

江苏誉达工程项目管理有限公司（原泰州市建信建设监理有限公司）坐落于美丽富饶的江南滨江城市泰州，成立于1996年，是泰州市首家成立并首先取得住建部审定的甲级资质的监理企业，现具有房屋建筑甲级、市政公用甲级、人防工程甲级监理及造价咨询乙级、招标代理乙级资质。

公司拥有工程管理及技术人员共393人，其中高级职称（含研高）38人，中级职称128人，涵盖工民建、岩土工程、钢结构、给排水、建筑电气、供热通风、智能建筑、测绘、市政道路、园林、装潢等专业。拥有国家注册监理工程师44人，注册造价师10人，一级建造师8人，注册结构工程师2人、人防监理工程师78人、安全工程师4人、设备监理工程师2人、江苏省注册监理工程师53人。十多人次获江苏省优秀总监或优秀监理工程师称号。

公司自成立以来，监理了200多个大、中型工程项目，主要业务类别涉及住宅（公寓）、学校及体育建筑、工业建筑、医疗建筑及设备、市政公用及港口航道工程等多项领域，有二十多项工程获得省级优质工程奖。

1999年以来，公司历届被江苏省住建厅或江苏省监理协会评为优秀或先进监理企业，2008年被江苏省监理协会授予“建设监理发展二十周年工程监理先进企业”荣誉称号。

公司的管理宗旨为“科学监理，公正守法，质量至上，诚信服务”，落实工程质量终身责任制和工程监理安全责任制，自2007年以来连续保持质量管理、环境管理及健康安全体系认证资格。

公司注重社会公德教育，加强企业文化建设，创建学习型企业，打造“誉达管理”品牌，努力为社会、为建设单位提供优质的监理（工程项目管理）服务。

常州大学怀德学院

靖江市体育中心

靖江港城大厦

海南龙沐湾海景公寓

背景：泰州新区医院

安徽出版编辑大厦－鲁班奖

安徽国际金融中心

安徽广播电视台新中心
安徽省规模最大、功能最全、技术最先进、国内一流的广电视中心

合肥万达文化旅游城
文化、旅游、商业、酒店、住宅特大型综合体

安徽置地投资广场－鲁班奖

合肥要素大市场
国内目前唯一集金融证券、房地产、产权、版权交易人才市场、保险、社会中介、招投标、招生等服务业于一体的特大中心市场

淮南市体育文化中心－鲁班奖

铜陵体育中心－项目管理、监理一体化

合肥铜陵路高架桥

背景：合肥新桥国际机场航站楼－中国钢结构金奖

新疆昆仑工程监理有限责任公司

新疆昆仑工程监理有限责任公司是一家全资国有企业，隶属于新疆生产建设兵团，主营工程监理、项目管理及技术咨询服务。公司成立于1988年，历经26年的奋斗，两次荣登监理企业百强排行榜。现拥有住房与城乡建设部颁发的工程监理行业最高资质——监理综合资质（包括房屋建筑工程、冶炼工程、矿山工程、化工石油工程、水利水电工程、电力工程、农林工程、铁路工程、公路工程、港口与航道工程、航天航空工程、通信工程、市政公用工程、机电安装工程14个甲级）；公路工程甲级监理资质；水利工程施工监理甲级、水土保持监理乙级、水利工程建设环境保护监理资质；信息系统工程乙级监理资质；文物保护资质；国家商务部援外成套项目施工监理准入资格；对外承包工程资格。是新疆工程监理行业资质范围齐全，资质等级最高的企业。

公司现有职工1458人，其中：大专以上学历占90%，高、中级职称占62%，各类国家注册监理工程师263人386人次。专业领域涉及工民建、市政、冶炼、电力、水利、环保、水土保持、路桥、信息系统、造价、安全、电气、暖通、机械、试验检验、测量、锅炉、汽机、发配电、焊接、热力仪表、化工、文物、园艺、地质、设备、隧道等，形成了一支专业配备齐全、年龄结构科学合理的高智能、高素质的工程技术人才队伍。

新疆昆仑工程监理有限责任公司技术力量雄厚，并以严格管理、热情服务赢得了顾客的认可和尊重，在业内拥有极佳的口碑。公司监理的项目中，6项工程荣获中国建筑行业工程质量最高荣誉——鲁班奖；70余项工程荣获省级优质工程——天山奖、昆仑杯、市政优质工程奖。连续6年在乌鲁木齐监理企业工程管理综合排序中位居第一名；6次荣获“全国先进建设监理单位”称号；荣获“共创鲁班奖先进监理企业”、“20年创新发展全国优秀先进监理企业”、“中国建筑业工程监理综合实力领军品牌100强”、“全国文明单位”、“兵团屯垦戍边劳动奖”等多项荣誉称号。

一直以来，昆仑人本着“自强自立、至真至诚、团结奉献、务实创新”的精神实质，向业主提供优质的监理服务，昆仑企业正朝着造就具有深刻内涵的品牌化、规模化、多元化、国际化的大型监理企业方向发展。

总经理 法定代表人 曹志勇

T3航站楼

兵团机关综合楼工程获2007年度“鲁班奖”

特变电工股份有限公司总部商务基地科技研发中心－鲁班奖

乌鲁木齐绿地中心A座、B座及地下车库工程

新疆大剧院

新疆国际会展中心

新疆人民会堂

中石油生产指挥中心－鲁班奖

背景：新疆国际会展中心

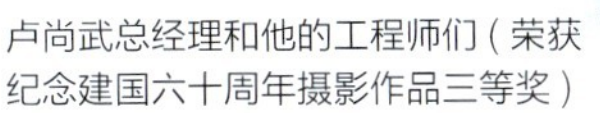

卢尚武总经理和他的工程师们（荣获纪念建国六十周年摄影作品三等奖）

监理企业二十强

河津北城公园

龙海大道住宅区

运城高速公路管理局综合办公大楼

运城市环保大厦

运城市农行培训中心大楼　运城市人寿保险公司办公大楼　运城市邮政生产综合楼

背景：八一湖大桥

运城市金苑工程监理有限公司

YUNCHENGSHI JINYUAN GONGCHENG JIANLI YOUXIANGONGSI

运城市金苑工程监理有限公司成立于1998年11月，是运城市最早成立的工程监理企业，公司现具有房屋建筑工程、市政公用工程监理甲级资质、工程造价咨询乙级资质及招标代理资质。可为建设单位提供招标代理，房屋建筑工程与市政工程监理、工程造价咨询等全面、优质、高效的全方位服务。

公司人力资源丰富，技术力量雄厚，拥有一批具有一定知名度，实践经验丰富，高素质的专业技术团队，注册监理工程师、注册造价师、注册建造师共36人次。公司机构设置合理，专业人员配套，组织体系严谨，管理制度完善。

金苑人用自己的辛勤汗水和高度精神，赢得了社会的认可和赞誉，公司共完成房屋建筑及市政工程监理项目600余项，工程建设总投资超出100个亿，工程质量合格率达100%，市卫校附属医院、市人寿保险公司办公楼、市邮政生产综合楼、农行运城分行培训中心、鑫源时代城、河津新耿大厦等六项工程荣获山西省建筑工程“汾水杯”质量奖，运城市中心医院新院医疗综合楼、八一湖大桥、永济舜都文化中心等十余项工程荣获省优工程质量奖。连续多年被山西省监理协会评为“山西省工程监理先进单位”，2008年跃居“三晋工程监理二十强企业”，陈续亮同志被授予“三晋工程监理大师”光荣称号。

公司全体职员遵循“公平、独立、诚信、科学”的执业准则，时刻牢记“严格监理、热情服务、履行承诺、质量第一”的宗旨，竭诚为用户提供一流的服务，将一个个精品工程奉献给了社会。已在运城监理业界取得了“五个第一”：成立最早开展业务时间最长的第一；最早取得业内甲级资质的第一；取得国家级和省级注册监理工程师资格证书人数最多的第一；所监理的工程获“汾水杯”质量奖最多的第一；获省建设监理协会表彰次数最多的第一。铸就了运城监理业界第一品牌，赢得了业主和社会各界的广泛赞扬。《运城广播电视台》、《运城日报》、《黄河晨报》、《山西商报》、《山西建设监理》等新闻媒体曾以各种形式对公司多年来的发展历程和辉煌业绩予以报道。

开拓发展，增强企业信誉，与时俱进，提升企业品牌。在构建和谐社会和落实科学发展观的新形势下，面对机遇和挑战，公司全体职员齐心协力，不断进取，把金苑监理的品牌唱响三晋大地！

地　址：运城市河东街学府嘉园星座一单元201室
电　话：0359—2281585
传　真：0359—2281586
网　址：www.ycjyjl.com
邮　箱：ycjyjl@126.com

萍乡市同济工程咨询监理有限公司

萍乡市同济工程咨询监理有限公司创立于2002年，是江西省能源集团公司的权属企业。经过多年的发展，公司业务范围包括房屋建筑工程、矿山工程、公路工程、市政公用工程、电力工程、人防工程、地质灾害治理工程等多项监理资质。公司人员结构、专业组成配套合理，实力雄厚。公司现有员工300余人，具有高级职称62人，国家注册监理工程师51人，一级建造师14人，造价工程师5人，省级以上行业监理工程师165人。各种专业技术人员门类齐全，并依托省能源集团省级专家库成立了设计、施工专家顾问组，为公司提供强有力的技术支持。

公司始终坚持高起点、高标准质量管理，科学化、规范化运营，通过ISO9001质量管理体系认证，建立了系统科学的质量、环境和职业健康安全“三合一”保证体系管理。科学高效的管理，保证了每一位专业技术人员的工作质量，在创优质工程的同时，积极为社会、为环境保护尽职责、尽义务。

公司自成立以来，先后承接2000多个工程项目的监理业务，积累了丰富的项目管理经验，形成自己的特色，打造了自己的品牌。所监理的工程多次获得江西省优质建设工程杜鹃花奖、江西省优良工程奖。公司先后获得“全国煤炭行业先进监理单位”、“江西省年度监理先进企业”等称号。

公司始终坚持“守法、诚信、公正、科学”的执业准则，遵循“科学规范、公正廉洁、竭诚服务”的质量方针，运用科学知识和技术手段，全方位、多层次为业主提供优质、高效的服务。

地　址：江西省萍乡市跃进北路203号
邮　编：337000
电　话：0799—6322396
传　真：0799—6322396
网　址：www.pxtjjl.com

九江碧桂园

中共萍乡市委党校

青海江仓一井田煤矿

大江边大桥

新余矿业八景煤业20兆瓦光伏发电项目

丰城港华气化站及管网工程